Stefan Kirchhoff

Streuner!

Straßenhunde in Europa

Konrad-Zuse-Straße 3, D-54552 Nerdlen/Daun
Telefon: 06592 957389-0
Telefax: 06592 957389-20
www.kynos-verlag.de

Grafik & Layout: Kynos Verlag
Gedruckt in Lettland

3. Auflage 2024

ISBN 978-3-95464-328-8

Bildnachweis:
Alle Fotos Stefan Kirchhoff außer S. 106; 140; 142: Ute Lohbüscher

Inhaltsverzeichnis

Widmung

Dieses Buch ist den vielen, vielen Hunden gewidmet, die ich im Laufe meiner Tätigkeit als Tierpfleger im Tierschutz und Hundetrainer kennenlernen durfte. Insbesondere den Straßenhunden, die mir einen tiefen Einblick in ihr Leben gewährt haben – auch wenn die daraus resultierende Erkenntnis mich oft zum Nachdenken darüber brachte, ob wir unseren Haushunden überhaupt noch gerecht werden können.

Über den Autor

Stefan Kirchhoff wurde 1978 in Ostfriesland geboren. Er arbeitete zwölf Jahre lang hauptberuflich als Tierpfleger im Tierschutz. Nach seiner Tierpflegerlehre leitete er in Italien eineinhalb Jahre lang als stellvertretender Projektleiter das »Tuscany Dog Project« von Günther Bloch. Danach war er für fünf Jahre als Tierheimleiter tätig. Der Auslandstierschutz und die Vermittlung von Auslandshunden aus Rumänien und Ungarn gehörten dabei zu seinen wichtigsten Tätigkeiten. Während dieser Zeit bereiste Stefan Kirchhoff beruflich und privat diverse Länder wie Ungarn, Rumänien und Spanien (Teneriffa). Um die bereits durch diese Reisen gewonnenen Erkenntnisse weiter zu vertiefen, gab er die Arbeit im praktischen Tierschutz auf und bereiste mit seinem dreißig Jahre alten Wohnmobil drei Monate lang Italien, Griechenland, die Türkei, Bulgarien, Rumänien, Serbien, Slowenien und Kroatien, um das Leben der Straßenhunde fotografisch zu dokumentieren. Nach seiner Rückkehr gründete er eine Hundeschule, um seine Erfahrungen an Hundebesitzer weitergeben zu können.

Einleitung

Der Hund aus dem Ausland ist in Deutschland keine Seltenheit mehr. In den letzten zwanzig Jahren haben sich die Menschen, die Auslandstierschutz betreiben oder betreiben wollen, gefühlt verfünffacht.

»Jährlich werden Tausende von Straßenhunden in unser Land gezwungen, die kaum eine Möglichkeit zur Integration finden, da ihnen die Sozialisierung mit dem Menschen fehlt,« so hört man es häufig kritisch von Seiten der Hundetrainer und Kynologen, die meistens nie selbst vor Ort tätig waren. Auf der anderen Seite stehen die Tierschützer mit Behauptungen, dass in diesen Ländern für die Hunde alles furchtbar schlimm sei und die Tiere sehr dankbar seien, wenn man sie nach Deutschland hole. Neben diesen beiden Extremen gibt es noch jede Menge andere, meist oberflächliche Meinungen rund um den Auslandstierschutz. Wie zum Beispiel die, dass Auslandshunde Konkurrenten in der Vermittlung deutscher Tierheimhunde seien, dass sie alle in Rudeln lebten, Tierschützer nur Geld mit Auslandshunden verdienen wollten, Auslandshunde alle verhaltensauffällig oder aber überaus sozialverträglich seien und so weiter und sofort.

Über die grundsätzliche Notwendigkeit des Auslandstierschutzes besteht weitestgehend Einigkeit. Über die Verbringung ausländischer Hunde nach Deutschland streiten sich jedoch sogar die Tierschützer untereinander. Und zwar zu Recht! Denn in jeder der eingangs genannten Positionen steckt ein Quäntchen Wahrheit. Wie das Leben der Straßenhunde vor Ort tatsächlich aussieht, damit beschäftigen sich nur die wenigsten Menschen. Sucht man im Internet nach dem Stichwort »Auslandstierschutz«, trifft man auf unzählige Tierschutzorganisationen und Privatmenschen, die Tiere nach Deutschland holen. Man findet zahlreiche Bilder von Hunden, die Furchtbares mitmachen mussten oder Bilder von geretteten Hunden in deutschen bzw. ausländischen Tierheimen oder Pflegestellen. Wie die Tiere vor Ort gehalten werden, wie sich Straßenhunde organisieren, was sie den ganzen Tag über so machen, wie sie überleben oder versorgt werden und wie die Einstellung der Menschen in den jeweiligen Ländern gegenüber den Tieren ist, davon liest man im Internet und in Büchern nur sehr wenig. Die Hintergründe der Hunde im beziehungsweise aus dem Ausland bleiben oft im Dunklen.

Ich möchte für Sie mit diesem Buch die Hintergründe erhellen, Ihnen die Möglichkeit geben, eigene Eindrücke zu sammeln und sich so ein Bild von der Situation vor Ort zu machen. Falls Sie selbst einen Hund aus dem Ausland besitzen, werden Sie Ihren eigenen Hund in den Schilderungen vielleicht wiedererkennen und können aufgrund seines jetzigen Verhaltens einschätzen, wie er in seiner Vergangenheit gelebt hat. Denn eins kann ich an dieser Stelle schon einmal verraten. Nicht jeder Hund aus dem Ausland ist ein typischer Straßenhund, wie wir ihn uns vorstellen.

Beim Durchblättern dieses Buches wird Ihnen schon aufgefallen sein, dass die hier abgebildeten Straßenhunde nicht unserem typischen Bild eines kranken und mitleiderregenden Streuners entsprechen. Deshalb möchte ich darauf hinweisen, dass ich in diesem Buch bewusst auf die Wiedergabe der oft im Tierschutz präsentierten grausamen Bilder von misshandelten Hunden verzichte. Dafür gibt es verschiedene Gründe. Meiner Erfahrung nach wenden sich die Menschen durch diese Bilder eher vom Thema ab, als sich damit auseinanderzusetzen, zumal wir von Seiten des Tierschutzes jeden Tag mit diesen furchtbaren Bildern konfrontiert werden.

Der andere Grund ist, dass ich nur das dokumentieren kann, was ich zu Gesicht bekomme. Tatsächlich sieht die Momentaufnahme der Straßenhunde nicht immer so schlecht aus. Andererseits wäre es auch eine Verzerrung der Realität, wenn ich nicht auch darauf hinweisen würde, welch geradezu widerliche Misshandlungen gegenüber Tieren sich so mancher Mensch einfallen lässt. Allerdings finden Misshandlungen von Tieren überall auf dieser Welt statt. Es gibt in dieser Beziehung keine »guten« und »bösen« Länder. Darüber hinaus geistern diese furchtbaren Beispiele immer und immer wieder völlig unreflektiert und verallgemeinernd in irgendwelchen Foren durch das Internet und lösen eine regelrechte Fremdenfeindlichkeit aus.

Dass die Bedingungen für Straßenhunde auch sehr hart sein können, ist selbstredend. Dies ist aber nur eine Seite des Lebens als Straßenhund. Die andere Seite wurde noch nie wirklich beachtet oder dokumentiert. Diese andere Seite möchte ich Ihnen zeigen – nicht, um das Leben auf der Straße zu verharmlosen oder gar zu glorifizieren, sondern um aufzuklären und zu zeigen, wie die Tiere ihr Leben meistern und insofern auch, um von ihnen zu lernen. In zwölf Jahren Tätigkeit im Tierschutz habe ich Tausende von Hunden kennengelernt. Wie gerne hätte ich diese Hunde gefragt, wie sie am liebsten ihren Tag verbringen würden.

Eine Antwort auf diese Frage geben uns die Streuner, die fast unabhängig vom Menschen eigene Entscheidungen treffen dürfen und Bedürfnisse ausleben können, die unseren Haushunden oft verwehrt bleiben. Fernab jeglicher Vermenschlichung und Einflussnahme der unser Bild vom Zusammenleben mit Hunden immer weiter verzerrenden »Hunde-Lifestyle-Industrie« dürfen wir sehen, was Hunde brauchen und wollen.

Fußnoten

Alle Quellenangaben zu den Fußnoten im Text finden Sie im Anhang des Buchs auf S. 176.

Wie sind sie denn, die Straßenhunde?

Bevor wir zu den Straßenhunden und deren Leben kommen, möchte ich bereits am Anfang über die Kastrationsprojekte und deren Sinn sprechen. Die Kastration ist für das Thema »Straßenhunde« sehr wichtig, weshalb Sie als Leser im Vorfeld bereits wissen sollten, was *Neuter and Release* bedeutet.

Kastrationsprojekte

Wie Sie vielleicht schon beim ersten Durchblättern auf den Fotos bemerkt haben, tragen viele Straßenhunde eine Ohrenmarke. Sie signalisiert, dass die Tiere bereits eingefangen, kastriert und wieder ausgesetzt worden sind. Eben diese Praxis wird als *Neuter and Release* bezeichnet. Fast immer wird der Hund dabei auch gegen Tollwut geimpft und mit einem Mikrochip zur genauen Identifizierung versehen. Wenn Sie als Hundehalter nicht wissen, was das Markieren mit einem Mikrochiptransponder ist, empfehle ich Ihnen dringend, sich mit dem Thema zu beschäftigen. Informationen dazu finden Sie zum Beispiel bei Tasso.e.V. (www.tasso.net).

Sofern Tierschützer an der Aktion beteiligt waren, werden die Hunde auch – wenn nötig – gegen Krankheiten behandelt, entwurmt und entfloht. Bei staatlicherseits durchgeführten Aktionen sind die Maßnahmen meist auf das Impfen, Chippen/Markieren und Kastrieren beschränkt. Sinn der Kastrationsmaßnahmen ist es, die Straßenhundepopulation zu verringern.

Daneben ist es leider bis heute gängige Praxis, Hunde einzufangen, in so genannte Tierheime zu sperren und nach einer gewissen Zeit zu töten. Betreiben die Hundefänger

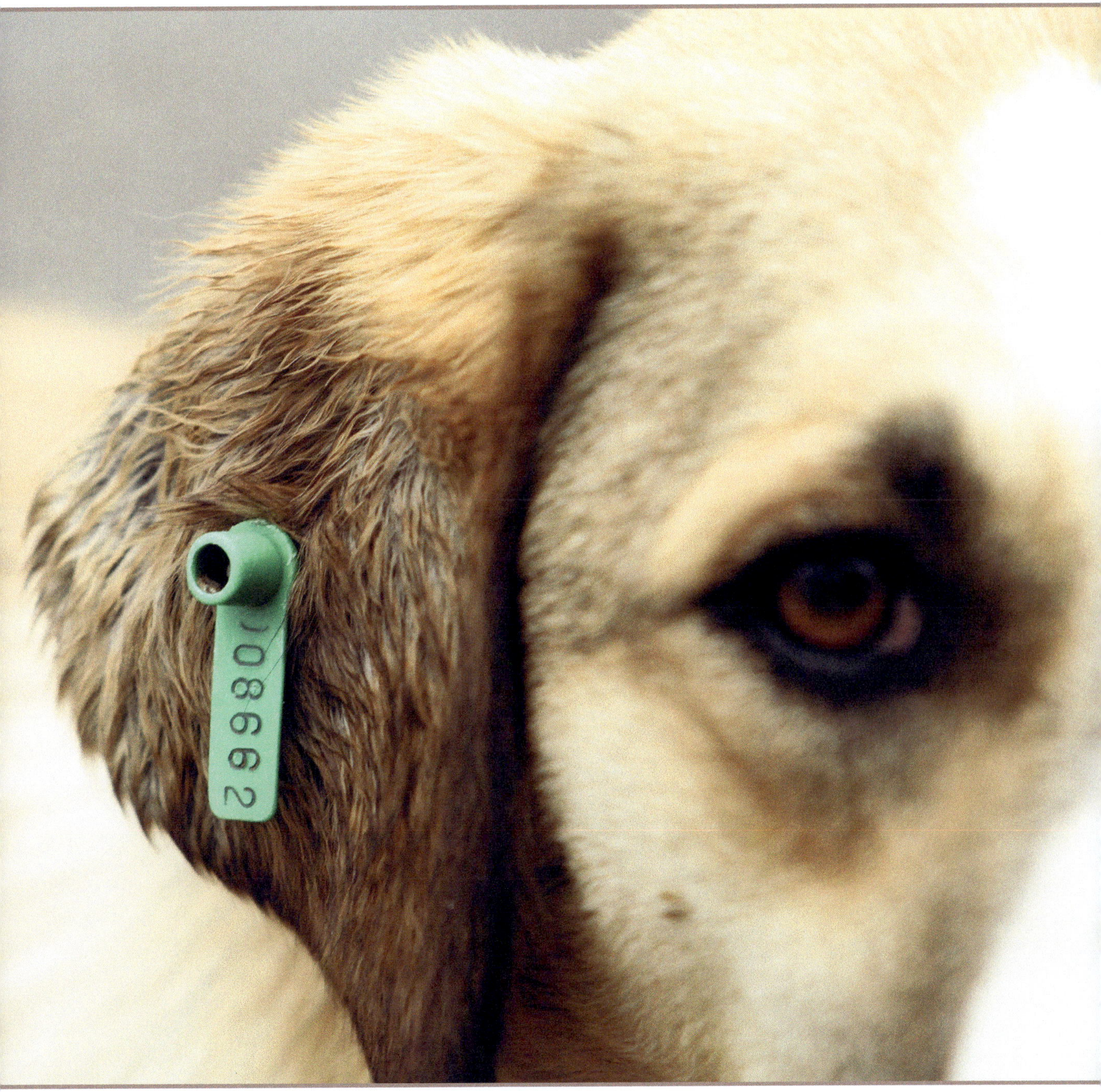
08662

diesen »Job« richtig hartnäckig, schaffen sie es tatsächlich, die Straßen frei von Hunden zu bekommen. Der Preis dieses Erfolgs ist allerdings das Leben unzähliger Hunde. So hatte zum Beispiel die rumänische Stadt Brasov im Jahr 2012 verglichen mit anderen rumänischen Städten kaum Straßenhunde zu verzeichnen. Doch dafür mussten etwa 30.000 Hunde innerhalb weniger Jahre mit ihrem Leben bezahlen. Neben der ethischen Verwerflichkeit dieser »Säuberungen« besteht das Hauptproblem in der Praxis darin, dass das Töten der Tiere kontinuierlich fortgesetzt werden muss, damit keine neue Population von Streunern entstehen kann. Dennoch wird der Umgang mit den Straßenhunden oder Fundhunden zum Beispiel in Spanien oder Ungarn seit Jahren so gehandhabt.

Dabei sind die Neuter-and-Release-Programme, bei denen die Hunde kastriert wieder ausgesetzt werden, nicht nur humaner, sondern auch wesentlich effizienter und kostengünstiger. Dank engagierter Tierschützer vor Ort hat das Kastrieren und wieder Freilassen in bestimmten Ländern zwar mittlerweile Gehör bei den Politikern gefunden, leider wird es aber nach wie vor zu wenig betrieben. Dabei ist die Idee dahinter ein in der Wildtierbiologie schon lange bekanntes Phänomen (was manche Jäger nicht davon abhält, diese Kenntnisse noch immer zu ignorieren). Die Populationsgröße einer Tierart, in unserem Beispiel eben Hunde, wird beschränkt durch das Angebot an Ressourcen, wie zum Beispiel Wasser und Futter. Sind die Ressourcen ausgeschöpft, kommen keine Hunde mehr nach und die Geburtenrate stagniert. Fängt man die Tiere jedoch oder tötet sie, so macht man dadurch lediglich Platz für die nächsten. Die Folge ist, dass die Tierheime aus allen Nähten platzen und massenhaft Hunde getötet werden, ohne dass die Population auf der Straße zurückgeht. Die kastrierten Hunde fungieren also einerseits als »Platzhalter«, können aber andererseits nicht mehr für weiteren Nachwuchs sorgen. Bei konsequenter Umsetzung von Neuter-and-Release-Programmen verringert sich die Zahl der Straßenhunde dann innerhalb weniger Jahre. Soweit zumindest die Theorie.

Dass Kastrationsmaßnahmen in der Praxis leider nicht immer so gut funktionieren und woran dies liegt, werde ich noch in späteren Kapiteln erörtern. Trotzdem ist dies immer noch eine der besten Maßnahmen und hat daher zu Recht wenigstens eine gewisse Verbreitung gefunden. Es gibt allerdings auch Tierschützer, die diese Maßnahme ablehnen und die Tiere lieber einsperren, um die Hunde vor den Gefahren des Lebens auf der Straße, die es ohne Zweifel gibt, zu bewahren.

Manche sind der Meinung, dass Hunde auf der Straße keine Überlebenschancen hätten. Dass dies angesichts der großen Populationen von Straßenhunden jedweder Logik entbehrt, wird anscheinend nicht gesehen.

„*Neuter and Release*“ ist das Einfangen, Kastrieren und wieder Aussetzen von Straßenhunden. Meistens werden die kastrierten Hunde mit einer Ohrmarke gekennzeichnet.

Ein Versuch, den Straßenhund zu definieren

Die meisten Menschen, einschließlich die Besitzer von Auslandhunden, glauben, Hunde, die aus Süd- oder Osteuropa zu uns gebracht worden sind, seien in ihrer Heimat allesamt besitzerlose Straßenhunde gewesen. Dabei sind die Lebens- bzw. Haltungsformen dieser Hunde in ihren Ursprungsländern sehr mannigfaltig. Da gibt es neben freilaufenden Hunden an der Kette oder in Verschlägen gehaltene Besitzerhunde, verwilderte Waldhunde, zutrauliche »Touristenbegleithunde«, nach unserem Verständnis normal gehaltene Haushunde, Wachhunde, versprengte Jagdhunde, ausgesetzte Besitzerhunde, entlaufene Besitzerhunde und schließlich die eher scheuen Straßenhunde.

Aber was genau ist ein Straßenhund? Ich habe einmal versucht, eine Definition für den typischen Straßenhund zu finden. Sie könnte etwa so lauten:

Der scheue, kaum in einen normalen deutschen Haushalt zu integrierende Straßenhund ist auf der Straße geboren, hat somit keinen Besitzer, ist deshalb dem Menschen gegenüber mehr oder minder scheu und lebt meistens in einem Rudel.

Das ist zumindest die klassische Vorstellung eines Straßenhundes, die auch ich lange hatte. Während meiner Reise auf den Spuren der Streuner wurde dieses Bild jedoch komplett über den Haufen geworfen. Das Verhalten eines Hundes auf der Straße kann unabhängig von seiner Vergangenheit extrem stark variieren, sodass man keinen Streuner in eine bestimmte Schublade stecken kann. Selbst wenn er auf der Straße aufgewachsen ist, heißt das noch lange nicht, dass er gegenüber Menschen scheu ist. Welpen ziehen mit ihren tapsigen Bewegungen und ihrem flauschigen Aussehen Menschen überall auf der Welt gleichermaßen an. Und so kommt es eben auch vor, dass sie hier und da einmal gestreichelt oder gefüttert werden und dadurch gute Erfahrungen machen.

Außerdem wird der Umgang der jungen Hunde Menschen gegenüber stark vom Verhalten der Mutterhündin geprägt. Ich unterstelle manchen Hunden einfach auch, dass sie clever genug sind, um zu wissen, dass es Vorteile bringt, den Kontakt zu Menschen zu suchen. Auf meiner Reise habe ich viele Beispiele gesehen, die das belegen. Wenn diese Art Hunde keine schlechten Erfahrungen macht, sind sie bei Weitem

Nicht alle Straßenhunde sind scheu.
Es gibt immer wieder welche, die dem Menschen sehr zugetan sind.

nicht immer so scheu, wie oft unterstellt wird. So kommt es auch vor, dass vor vielen Häusern Hunde liegen, die den Eindruck machen, als seien sie freilaufende Besitzerhunde. Nach den Aussagen der Hausbewohner sind diese Hunde jedoch irgendwann einmal einfach aufgetaucht. Wenn die Menschen nichts gegen die Hunde haben und sie gelegentlich füttern, könnte man sagen, diese Straßenhunde hätten sich quasi ihr »Zuhause« selbst gesucht.

Ähnlich verhält es sich mit manchen Straßenhunden innerhalb einer Gruppe. Es gibt immer wieder Individuen, die dem Menschen gegenüber sehr zugänglich sind, was – wie bereits erwähnt – von den Erfahrungen und dem Kontakt mit Menschen in den ersten Lebenswochen und dem jeweiligen Charakter des Hundes abhängt.

Sehr häufig halten sich Gruppen in von Menschen stark frequentierten Gebieten auf, wie zum Beispiel auf einer Strandpromenade oder in der Innenstadt – ganz nach dem Motto: Je mehr Menschen, desto mehr Futter. Auf der anderen Seite kann es auch sein, dass ein Hund bei Menschen groß geworden ist und sich trotzdem nach dem Aussetzen auf der Straße zu einem erst vorsichtigen und dann scheuen Hund entwickelt hat.

Sie sehen schon, mit Schubladendenken lässt sich an das Thema »Straßenhund« nicht herangehen. Generell treffen nur ganz wenige Pauschalaussagen zur möglichen Vergangenheit der Tiere zu. Es gibt immer wieder Ausnahmen von der Regel. Wenn ich also von Straßenhunden spreche, dann meine ich damit alle Hunde, die sich auf der Straße bewegen, unabhängig von ihrem Verhalten oder von ihrer Vorgeschichte.

Straßenhunde sind nicht zwangsläufig scheue Hunde. Viele von ihnen hatten ursprünglich einen Besitzer oder haben gute Erfahrungen mit Menschen gemacht. Die pauschale Aussage, „Straßenhunde seien nicht auf Menschen sozialisiert", stimmt so nicht.

Soziale Organisation der Straßenhunde

»Hunde leben in einem Rudel, das weiß doch jeder«.

Tatsächlich ist diese pauschale Aussage fachlich falsch. Bei mehreren zusammenlebenden Hunden generell von einem Rudel zu sprechen, ist in der Kynologie bereits lange überholt. Dass Hundeplatzweisheiten à la »Du musst der Alpha sein, du bist der Rudelführer!« auch deshalb veraltete Aussagen sind, hat sich jedoch leider noch nicht bei allen Hundehaltern und, schlimmer noch, auch nicht bei allen Hundetrainern herumgesprochen.

Aber was ist ein Rudel? Das beste Beispiel für ein Rudel liefern uns die Wölfe. Wölfe leben meistens, aber nicht immer im Rudel. Zahlreiche Beobachtungen zeigen uns, dass auch Wölfe für längere Zeit alleine unterwegs sein können.[1] Ein klassisches Rudel ist letztlich ein Familienverband, in dem es Individuen gibt, die in bestimmten Situationen wichtige Entscheidungen treffen und an denen sich die anderen orientieren. Sie werden selten in Frage gestellt und können sich im Zweifelsfall durchsetzen, zum Beispiel bei der Paarung.

In der Gruppe ruhen die Hunde zwar gemeinsam, aber nicht mit ganz engem Körperkontakt, wie es in einem aus einer Familienstruktur gewachsenen Rudel öfter der Fall wäre.

Diese Tiere werden häufig als die Alphatiere bezeichnet. Letztlich sind sie die ranghöchsten Elterntiere.[2] Es gibt also auch in gewisser Art und Weise eine Art Rangordnung. Aber diese Rangordnung wird nicht etwa durch permanent dominantes Verhalten oder ständige Streitereien erzwungen, sondern ist eine natürlich gewachsene familiäre Hierarchie. Bei Wölfen stehen die reproduzierenden Altwölfe, also »Mama und Papa« zwangsläufig ganz oben im Rang, weil deren Nachkommen – zumindest bis zum Erreichen eines gewissen Alters – Respekt vor den Alten haben.

Diese familiäre Sozialstruktur ist nur sehr selten bei Hunden zu finden, unabhängig davon, ob man Straßenhunde oder Haushunde betrachtet. Deshalb ist es zumindest begrifflich ungenau, in einer Mehrhundehaltung und erst recht beim Zusammenleben von Mensch und Hund von einem Rudel zu sprechen.

Das bedeuten natürlich im Rückschluss nicht etwa, dass Sie sich gegenüber Ihrem Hund nicht situativ durchsetzen sollten, also wenn es notwendig sein sollte, den »Führanspruch«[3] für sich behaupten sollten.

Straßenhunde leben meiner Einschätzung nach selten in Rudeln. Ihre Lebensgemeinschaft wird als »fuchsartig organisiert«[4] bezeichnet (mehr dazu im Kapitel »Hundegruppen allgemein«). Sie leben in einer losen, nicht familiären Interessengemeinschaft, die irgendwie zueinander gefunden hat. Die Tiere sammeln sich bevorzugt an einem größeren Platz, um miteinander zu ruhen. Enges Kontaktliegen mit unmittelbarem Körperkontakt ist in einer Gruppe selten zu sehen.

In den Aktivitätsphasen außerhalb der Gruppe sind die Hunde, die Zeiten der Läufigkeit ausgenommen, eher alleine unterwegs. Der Unterschied zwischen einem Rudel und einer Gruppe ist unter anderem auch daran zu erkennen, dass manche Verhaltensweisen in einem Familienverband wesentlich häufiger zu sehen sind als in einer losen Lebensgemeinschaft. Bei Rudel- beziehungsweise Familienmitgliedern werden neben den Ruhephasen auch die Aktivitäten geschlossen gemeinsam gestaltet. Im Vergleich zu Gruppenverbänden konnte ich in Rudeln wesentlich mehr sozio-positives Verhalten und taktile Kommunikation beobachten. Dazu gehört auch das enge Kontaktliegen.

Eines der wenigen echten Rudel von Straßenhunden, die ich gesehen habe. Die Ähnlichkeit der Tiere deutet darauf hin, dass es sich um einen Familienverband handelt. Rudeltypische Verhaltensweisen, die in losen Gruppen weniger vorkommen, sind enges Kontaktliegen, Schnauzenlecken und gegenseitige Fellpflege. Man nennt dies im Fachjargon »sozio-positives Verhalten« und »taktile Kommunikation«.

Auch die typische Rudelzeremonie des Chorheulens habe ich nie bei den Straßenhundgruppen beobachten können. Feddersen-Petersen beschreibt diese folgendermaßen: «Während der Rudelzeremonie des Chorheulens kommt es unter verpaarten und befreundeten Tieren stets zu »Schnauzenzärtlichkeiten«– ein Tier steckt seine Schnauze tief in den Rachen des anderen und führt Leckbewegungen aus. Häufig ist gegenseitiges Mundwinkel-bzw. Schnauzenlecken, auch gegenseitiges Gesichtslecken kann immer wieder beobachtet werden.«[5]

Wölfe leben meistens in einem Familienverband, den man als Rudel bezeichnet. Straßenhunde leben meist in einer Gruppe. Im Wesentlichen unterscheidet sich ein Rudel von einer Gruppe neben der familiären Struktur vor allem durch die Intensität und Häufigkeit der Sozialkontakte und der Interaktionen, die das Zusammengehörigkeitsgefühl stärken. Auf unsere Welt übertragen ist ein Wolfs- oder Hunderudel durchaus vergleichbar mit einer menschlichen Großfamilie, während Straßenhundegruppen eher mit einer Wohngemeinschaft zu vergleichen sind.

Die Sache mit der Rangordnung

Auch wenn der Begriff »Rangordnung« in Verbindung mit Rudeln eine veraltete Aussage ist, gibt es eine gewisse natürlich gewachsene Hierarchie, eben wie in einer Familie. Aber wie sieht es innerhalb der Gruppen aus? Gibt es in Gruppen auch eine Rangordnung? Gibt es Hunde in Gruppen, die bestimmte Aufgaben haben?

Anstatt Ihnen als Leser eine neue bahnbrechende Erziehungsmethode aufgrund meiner Beobachtungen an Hundegruppen zu verkaufen, muss ich leider sagen, dass ich diese Fragen nicht beantworten kann, und zwar aus dem ganz einfachen Grund, dass meine Beobachtungen in einem zu geringen Zeitraum stattfanden. Um eine seriöse und professionelle Auskunft darüber zu geben, müsste man die einzelnen Gruppen über mehrere Monate hinweg mit wissenschaftlichen Hilfsmitteln und ständig beobachten. In dieser Hinsicht bleiben also Fragen offen.

Mein bisheriger Eindruck ist, dass es innerhalb einer Gruppe gewisse Freundschaften oder Koalitionen gibt, die Gruppe als solche aber eher von einer Autonomie geprägt ist. Immer wieder habe ich einzelne Individuen sehen können, die sich zwar in der Gruppe aufhielten, aber zu keinem anderen Gruppenmitglied irgendwelche Interaktionen jeglicher Art führten. Sie waren einfach nur da. Alleine daraus zu schlussfolgern, dass diese Hunde auch die rangniedrigsten sind, wäre eine gewagte Interpretation. Es könnten genauso gut auch die ranghöchsten sein, die sich einfach nur souverän aus allem heraushalten. Somit bleibt auch die Frage offen, was wir von den Straßenhundegruppen lernen können, um dieses Wissen in den Umgang mit unserem Hund zu übertragen. Wenn wir mit unserem Hund gar kein echtes Rudel bilden, hieße das dann, dass unser Zusammenleben nur eine lose Lebensgemeinschaft ist, bei der jeder tun und lassen kann, was er will? Nein, natürlich nicht. Wir können viel von Rudeln und Gruppen lernen und wir können auch Vergleiche anstellen, aber letztlich sind wir als Mensch-Hund Gespann noch einmal in einer ganz anderen Lebensform. Innerhalb einer Gruppe ist es Hund A egal, ob Hund B gerade über die Straße rennt, um ein Auto zu jagen oder einen anderen Hund zu attackieren, wenn überhaupt, würde Hund A mitmachen. In unserer Mensch-Hund Beziehung ist es aber nicht egal. Wir müssen auf den Hund einwirken, ihn begrenzen, erziehen, Alternativen anbieten. Der Hund wiederum muss sich komplett unserem Alltag anpassen. Das hat nichts mit dem Leben in einer Gruppe zu tun. Aber um zu wissen, wie wir uns gegenüber dem Hund verhalten sollten, brauchen wir keine erhellenden Erkenntnisse aus dem Leben herrenloser Hunde. Ich weiß, das ist sehr verwirrend. Auf der einen Seite kann ich kein Alpha sein, auf der anderen Seite soll mich der Hund respektieren und sich an mir orientieren. Zu guter Letzt sollten wir einfach nicht zu viel über diese ganze Rangordnungs- und Alphageschichten nachdenken, sondern in der Erziehung und im Umgang mit dem Hund souverän sein, konsequent handeln, Sicherheit ausstrahlen und klar kommunizieren. Dazu gehört es auch, hin und wieder Grenzen zu ziehen. Verhalten wir uns entsprechend, dann fühlt sich der Hund von uns durchs Leben geführt – und darauf fahren die meisten Hunde nun mal ab. Das ist eigentlich nichts Neues und sehr oberflächlich beschrieben, aber mehr ins Detail zu gehen, würde hier den Rahmen sprengen.

Die Waldhunde von Pisa, ein klassisches Hunderudel

Dass Hunderudel im Gegensatz zu Hundegruppen eher seltener sind, heißt nicht, dass es sie nicht gibt. Ein Paradebeispiel dokumentierte Günther Bloch mit seinem »Tuscany Dog Project« in Italien bei Pisa. Von Anfang 2005 bis Ende 2007 führte er in Zusammenarbeit mit Volontären und Studenten verschiedener Universitäten eine Freilandstudie in dem Naturpark San Rossore durch, um das Verhalten von verwilderten Haushunden zu erforschen. Näheres dazu erfährt man in Günthers Buch *Die Pizzahunde*. Im Verlauf dieses Buches werde ich diese Hunde der Einfachheit halber ebenfalls als »die Pizzahunde« bezeichnen. Ich hatte das große Glück, dieses Hunderudel als stellvertretender Projektleiter eineinhalb Jahre lang beobachten zu dürfen.

Ursprünglich wurden die Hunde im Naturpark von ihren Besitzern einmal ausgesetzt. Freiwillige Tierschützer konnten sie nicht einfangen, fütterten sie aber täglich. Die Hunde vermehrten sich und bildeten ein richtiges Rudel. Gentests bestätigten die Verwandtschaft der Hunde untereinander und damit eins der wichtigsten Merkmale eines Rudels. Deutlich konnte man sehen, dass diese Gemeinschaft von Hunden ein eingespieltes Team war. Im Gegensatz zu einer Gruppe agierten und reagierten sie meist gemeinschaftlich und Rudelzeremonien wie das Chorheulen sahen wir fast täglich. Was das Rudel aber im Wesentlichen ausmachte, war, dass es ein Leitbild gab, an dem sich die anderen orientierten: Die Hündin Eurekia. Alarmbellen war zum Beispiel Aufgabe der Rangniedrigen. Das war mal mehr, mal weniger beachtenswert, wenn aber Eurekia anschlug, war das ganze Rudel in Habachtstellung.

Das für mich beeindruckendste Erlebnis war, als Eurekia mit einer anderen Hündin namens Lilly, die gedeckt worden war, ganz aufgeregt auf die Suche nach einer zum Werfen der Welpen geeigneten Höhle ging. Das ganze Rudel (außer Fox, der blieb auch mal alleine im Kerngebiet) folgte und Eurekia entschied, wo es lang ging. Unterschiedliche Stellen im Wald wurden erkundet, Höhlen gegraben und Probe gelegen. Die Kooperation ist in einem Rudel wesentlich höher als in einer losen Lebensgemeinschaft bzw. in einer Gruppe. Sozio-positives Verhalten und taktile Kommunikation untereinander stärkten oft das Rudelempfinden. »Ein freundlicher, meist sogar harmonischer Umgangston und exklusive Bindungsverhaltensweisen sind keineswegs die Ausnahme. Das beweisen viele beobachtete Schnauzenzärtlichkeiten, freundlich gestimmte Pflegemaßnahmen und ungezwungen initiierte Körperkontaktaufnahmen sehr anschaulich«.[6]

Bei den Rüden konnte man ausschließlich während der Läufigkeit erkennen, wer sich als Chef durchsetzen konnte. Nerone war der reproduzierende Rüde, das heißt derjenige, der eine heiße Hündin decken durfte. Das Sagen hatte aber wie so oft das Weibchen Eurekia. Dadurch, dass das Rudel im Park relativ isoliert von anderen Hunden lebte (in dieser Region gibt es keine Straßenhunde), kam selten neues Blut herein. Die Zahl der Hunde dezimierte sich in den letzten Beobachtungsmonaten erheblich. Viele Tiere starben an Herzwürmern oder verschwanden einfach.

In diesem Projekt zeigte sich leider auch, dass Tierschutz oftmals rein emotionsgesteuert betrieben wird und die Hunde letztlich darunter zu leiden haben. Den Tierschützern vor Ort wäre es am liebsten gewesen, die verwilderten Hunde einzufangen und in ein Tierheim zu stecken. Leider ist es ihnen auch in Einzelfällen gelungen. Hier muss ich sehr kritisch anmerken, dass dies nicht das Geringste mit Tierschutz zu tun hat.

Die Pizzahunde zeigten uns eindeutig, dass Hunde unter den richtigen Bedingungen sehr wohl ein richtiges Rudel bilden können. Allerdings kommt das bei Straßenhunden eher seltener vor. Die Vorausetzung zur Bildung eines Rudels war in diesem Fall, dass sie über mehrere Generationen hinweg sehr isoliert von anderen Hunden und Menschen aufwachsen konnten. Es gab wenig Störungen wie etwa Wegfangen oder Kastrieren der Rudelmitglieder, die Futterversorgung war von den Tierschützern völlig übertrieben und die Hunde lebten in einem schützenden Wald, in dem nicht gejagt werden durfte. Sie stellten keine Gefahr dar und störten kaum jemanden. Sie lebten sicherlich in einer eher außergewöhnlichen Situation, weshalb Günther Bloch sie auch nie als »Straßenhunde« bezeichnet hat.

Sechs Jahre nach Projektende besuchte ich nochmals das Gebiet der »Pizzahunde«. Von den ursprünglich 14 Hunden der Beobachtungsgruppe ist nur noch einer übriggeblieben. Bellino allein im Wald zu sehen stimmte mich zugegebenermaßen recht traurig. Er war der einzige Nachwuchs, den wir von jung an innerhalb des Projektes beobachten konnten. Viele Spielszenen und Interaktionen zwischen Bellino und den anderen Hunden gingen mir durch den Kopf. Seit er alleine im Wald lebt, ist er sehr vorsichtig und zurückhaltend geworden. Jetzt muss er ohne die Hilfe der anderen auf die Wildschweine achten, die ihm das Futter streitig machen können. Die schönsten Zeiten sind vorbei.

Leben Straßenhunde alle in Gruppen?

Hunde sind soziale Lebewesen, die das Zusammenleben mit anderen Hunden durchaus schätzen. Aber auch in diesem Bereich des sozialen Miteinanders kann man nicht immer davon ausgehen, dass Hunde unter allen Umständen eine Gruppe bilden wollen oder zu einer Gruppe gehören. Genauso wie es auch Einzelgänger bei den Wölfen gibt, beschreibt Udo Ganslоßer in seinem Buch, dass die Sozialsysteme von Hundeartigen allgemein sehr variabel sein können.[7] Der Spruch »die Umwelt diktiert das Verhalten« trifft sicherlich auch auf Straßenhunde zu. Hunde passen sich an und entscheiden für sich, ob das Zusammenleben in einem Rudel oder in einer Gruppe Vorteile für sie hat. Sicherlich gibt es auch charakterliche Vorlieben. So kommt es eben auch mal vor, dass unsere erwachsenen Haushunde unabhängig von ihrer Sozialisierung im Welpenalter andere Artgenossen dulden oder nicht. Bei den Straßenhunden spielt bei der Auswahl der Sozialpartner sicherlich auch eine Kosten-Nutzen-Analyse eine Rolle. Ein Vorteil des Gruppen- bzw. Rudellebens ist zum Beispiel die Gefahrenabwehr durch Wachsamkeit.[8] Es gibt immer jemanden an der Seite, der mit aufpasst. Der Schlaf ist erholsamer und man fühlt sich einfach sicherer.

Dieser Hund hat sich entschieden, alleine zu leben, obwohl Artgenossen in der Nähe sind. Den Schutz der anderen braucht er nicht, da er eine ziemlich sichere Unterbringung hat.

Es gibt zahlreiche Straßenhunde, die, aus welchem Grund auch immer, das Leben alleine bevorzugen. Letztlich heißt das, dass nicht jeder besitzerlose Hund im Ausland in eine Gruppe integriert ist. Das kann auch von Land zu Land unterschiedlich sein. So habe ich in Rumänien wesentlich mehr Hundegruppen gesehen als zum Beispiel in Italien. Folglich wird auch nicht jeder Straßenhund, sofern er überhaupt einer ist, von Tierschützern »aus einem Rudel gerissen«.

Eher selten werden ganze Hundegruppen von Tierschützern von der Straße gefangen. In vielen Gemeinden und Städten sind staatliche Tierfänger dafür verantwortlich, die ihr Geld damit verdienen, Hunde einzufangen. Dabei wird nicht darauf geachtet, ob es sich um einen freilaufenden Besitzerhund handeln könnte oder um eine kastrierte und ungefährliche Gruppe. So landen jährlich Tausende von Hunden in Tötungsstationen, staatlichen oder gewerblich betriebenen Tierheimen, obwohl sie eigentlich Besitzer hätten, die sich um sie kümmern. Natürlich werden auch Hunde von den Besitzern abgegeben oder kommen mit Privatleuten als Fundtiere ins Tierheim. In den meisten Fällen fangen Tierschützer Hunde auf der Straße ein, wenn diese auf irgendeine Art und Weise gefährdet sind. Groß angelegte oder dauerhafte Einfangaktionen sind meistens vom Staat angeordnet.

Hundegruppen allgemein

Beim Thema Hundegruppen müssen zwei verschiedene Arten unterschieden werden. Da sind zum einen die verwilderten Haushunde, die eher in ländlichen und bewaldeten Regionen zu finden sind. Diese haben, wie zuvor bei den Pizzahunden beschrieben, rudelähnliche Strukturen. Das heißt unter anderem, dass sie eher geschlossen oder in kleinen Teams unterwegs sind. Die Streifgebiete dieser Gruppen oder manchmal auch Rudel sind wesentlich größer als die der Gruppen in Städten und Vororten. Die verwilderten Haushunde sind in der Regel weitab vom Schuss, sodass es eher unwahrscheinlich ist, dass sie von Tierschützern oder Tierfängern eingefangen werden und vielleicht in Deutschland landen.

Zum anderen sind da die häufiger vorkommenden Stadt- oder Vorstadthunde. Diese unterscheiden sich von den eher verwilderten Gruppen/Rudeln in ihrer Aktivitätsphase. Sie schließen sich meistens als Gruppen, also als eine lose Lebensgemeinschaft, zusammen. Ihre soziale Struktur wird, wie schon erwähnt, als «fuchsartig« bezeichnet:

»Bis zum Beginn der 1980er Jahre wurde der Rotfuchs als einzeln lebender Carnivor (lat. Fleischfresser) betrachtet, der nur zur Paarungszeit in Paare zusammenging. Durch Radiotelemetriestudien (…) zeigte sich, dass Rotfüchse in Familiengruppen leben und ein komplexeres Sozialverhalten zeigen als bisher gedacht. (…) Es bedeutet jedoch nicht, wenn man in einer Familiengruppe lebt und einen großen Teil des Territoriums mit anderen Gruppenmitgliedern teilt, dass man auch einen Großteil der Zeit zusammen verbringen muss. Im Gegenteil, gerade während der Aktivitätszeit meidet man einander«.[9]

Diese Gruppenorganisation trifft auf die meisten Straßenhundegruppen zu, die ich beobachtet habe. Auch sie halten die Ruhephasen eher an einem, meist größeren und überschaubaren, Platz zusammen ab. Bei Aktivitätsphasen wie Futterbesorgungen und Reviermarkieren sowie Erkundungsgängen sind sie eher alleine unterwegs. Dies zeigte sich mir auch durch die Tatsache, dass ich nur in seltenen Ausnahmefällen ganze aktive Gruppen gesehen habe, die durch die Straßen zogen.

Gruppen versammeln sich meistens an Stellen, die Platz bieten, wie z.B. Baustellen und Parkanlagen.

Dieser Hund ist auf Futtersuche alleine unterwegs – erfolgreich, wie man sieht.

Zum Fressen seiner Beute geht er wieder zurück in seine Gruppe. Dass keiner der anderen Hunde diesem jungen Hund seinen Knochen streitig macht, zeigt, dass der Hunger innerhalb der Gruppe nicht allzu groß sein kann.

Bei beiden Arten von Gruppen liegt die Kopfzahl bei etwa drei bis fünfzehn Hunden. Meistens sind sie morgens und abends aktiv. In wirklich ganz seltenen Fällen ernähren sich die Hunde durch die Jagd auf größere und/oder kleinere Beutetiere oder Haustiere, ich konnte dies aber nie beobachten. Meistens werden die Hunde vor Ort von Tierschützern oder Einwohnern gefüttert oder sie suchen sich ihr Futter auf der Straße selbst zusammen.

Die Gruppen bestehen meist aus erwachsenen und mittelgroßen Hunden. Kleine Hunde sieht man in Gruppen und allgemein auf der Straße eher selten, was daran liegen könnte, dass kleine Hunde in Ländern wie z.B. Rumänien den Winter nicht überleben oder sie sich in den Gruppen nicht wirklich durchsetzen können. Der wahrscheinlichere Grund dürfte aber sein, dass kleine Hunde nicht als Wachunde, sondern als Schoßhunde angeschafft werden, sie öfter mit im Haus leben als große Hunde und die Besitzer somit eine engeres Verhältnis zu den kleinen Hunden haben. Daraus resultiert, dass kleinere Hunde weniger ausgesetzt werden, als große Hunde.

Gegenüber fremden Hunden sind die Gruppen entweder distanziert, ignorieren diese oder verbellen die Eindringlinge. Die Reaktion auf einen gruppenfremden Hund kann sehr unterschiedlich sein und ist nur in seltenen Fällen stark aggressiver Natur. In Parkanlagen größerer Städte, wo viele Menschen mit ihren Hunden Gassi gehen, würde eine angriffslustige Gruppe nicht lange existieren. So kommt es nicht nur während der Läufigkeit oder nach dem Versterben von Gruppenmitgliedern vor, dass von außen kommende Einzelgänger von der Gruppe akzeptiert werden und sich dieser anschließen. Die Fluktuation der Gruppenmitglieder ist im städtischen Bereich sicherlich größer als bei rudelähnlichen Strukturen bei verwilderten Haushunden auf dem Lande. Während der Geburtszeit trennen sich Hündinnen meist von der Gruppe. Die Sterberate beim Nachwuchs ist meistens sehr hoch und die Wurfgröße eher klein. Im Gegensatz zu den Wölfen kümmert sich in beiden Gruppenarten hauptsächlich die Mutter allein um den Nachwuchs.

4CS 337
Love Boat

In welchen Ländern gibt es Straßenhunde?

Aus meinen Beobachtungen in den jeweiligen Ländern und nach Befragungen von in den Ländern tätigen Tierschützern habe ich mit der Zeit eine Karte erstellt, in welchen Ländern hauptsächlich Straßenhunde vorkommen:

In den rot markierten Ländern kommen Straßenhunde vor, in den blau markierten nur noch vereinzelt und seltener.

Wenn Ihr Hund zum Beispiel aus Norditalien, Ungarn, Polen, Spanien, Frankreich, den griechischen Inseln und so weiter kommt, dann ist er höchstwahrscheinlich kein Straßenhund. Kommt Ihr Hund dagegen aus der Türkei, Rumänien, Bulgarien, Süditalien, Griechenland usw., dann ist es durchaus möglich, dass er ein herrenloses Leben auf der Straße führte. Dennoch möchte ich nochmals betonen, dass Hunde aus den letztgenannten Ländern nicht zwangsläufig herrenlose Straßenhunde gewesen sein müssen.

Eine Hundegruppe auf einem Spielplatz in der Türkei.

Wie sieht es in den jeweiligen Ländern aus?

Wann immer man etwas über die Situation der Straßenhunde in den jeweiligen Ländern hört, wird oft sehr verallgemeinernd behauptet, die Menschen im Land xy würden generell Hunde hassen und die Streuner ständig und immer irgendwelchen Misshandlungen aussetzen. Es ist mir persönlich sehr wichtig, zu betonen, dass es überall, egal in welchem Land, tierliebe Menschen gibt, die die Straßenhunde versorgen und sich für sie einsetzen. Ich erwähne dies, da es gerade im Tierschutz oft zu solchen pauschalen Aussagen kommt, welche die ganze Bevölkerung eines Landes als Tierquäler abstempeln.

In jedem Land gibt es hundefreundliche und hundefeindliche Menschen. Wenn man den Menschen in den meisten der von mir bereisten Ländern eines unterstellen kann, dann vielleicht die etwas veraltete Einstellung zum Hund, wie sie hier in Deutschland vor dreißig bis fünfzig Jahren auch allgegenwärtig war. Die wenigsten Hunde leben als Familienhunde im Haus, vielmehr gehört Ketten- oder Hofhaltung zum alltäglichen Bild. Der Hund ist eher ein beliebtes Nutztier, allerdings wird nicht überall, wo ein Hund gehalten wird, dieser auch tatsächlich gebraucht. Man füttert ihn trotzdem durch und empfindet seine Anwesenheit als angenehm. Die Toleranz der Bevölkerung gegenüber den Straßenhunden ist höher, als deutsche Tierschützer oft propagieren. Ich habe unzählige Situationen erlebt, die in Deutschland ganz andere Reaktionen hervorgerufen hätten, wie zum Beispiel eine fröhlich mit den Kindern spielende Streunergruppe auf einem Spielplatz.

Kinder spielen mit schmutzigen Streunern.

Spätestens bei der Hundegruppe im Tulpenbeet wäre in Deutschland Schluss mit Lustig und hysterische Mütter und Kleingärtner würden auf die Barrikaden gehen.

Zur Entstehung einer Straßenhundepopulation gibt es leider ebenso wenige konkrete Aussagen und Kenntnisse wie zu der Frage, wie diese Population sich entwickelt beziehungsweise verbreitet. Meines Erachtens kommt es für beides vornehmlich auf finanzielle und strukturelle Faktoren an: Je ärmer eine Region, desto weniger Tierschutz kann betrieben werden, oder wie mein alter Berufsschullehrer immer sagte: »Tierschutz ist Luxus«.

Die Art der Landwirtschaft, die Vorliebe für die Jagd und die Bevölkerungsdichte spielen ebenfalls eine Rolle. In vielen Ländern werden Hunde auch heute noch als Nutztiere benötigt. Herdenschutzhunde, Hütehunde, Jagdhunde, Wachhunde und andere Spezialisten wie zum Beispiel Schoßhunde werden auf der ganzen Welt noch immer gebraucht. Und überall dort, wo diese Hunde dann nicht mehr gebraucht oder »geliebt« werden, werden sie auch ausgesetzt oder hinterlassen.

Aber natürlich gibt es in allen Ländern, in denen Straßenhunde leben, auch einen Bedarf an Hunden, der von Züchtern und Händlern gedeckt wird. Genau wie in Deutschland auch werden dabei Rassetiere und Welpen bevorzugt. Gerade in ärmeren Ländern dient der teure Rassehund als Statussymbol, den man beim Gassigehen stolz vorführen kann. Dies führt dazu, dass viele Tierheime insbesondere Mischlinge kaum ins eigene Umfeld vermitteln können und darauf angewiesen sind, Hunde nach Deutschland zu bringen und dort zu vermitteln. Für ein Tierheim ist eine Fluktuation der Bestandstiere sehr wichtig, um existieren zu können. Ist ein Tierheim nicht mehr dazu in der Lage, Hunde aufzunehmen, platzt die Zusammenarbeit mit den Gemeinden oder Städten und die Tierschützer haben wesentlich weniger Möglichkeiten der Einflussnahme. Dies ist für mich ein Argument dafür, Hunde aus dem Ausland zu importieren, vorausgesetzt, dies geschieht seriös und professionell.

Auch in Ländern wie Rumänien oder der Türkei gibt es immer einen Bedarf an Hunden, der von Hundehändlern und Zoogeschäften abgedeckt wird.

Das große Elend beginnt meist immer dann, wenn der Staat sich einmischt. Noch immer haben viele Politiker nicht erkannt, dass das massenhafte Einsperren oder Töten der Straßenhunde am eigentlichen Problem nichts ändert. Oder aber sie wollen es gar nicht lösen, und zwar deshalb, weil sich mit den Straßenhunden gutes Geld verdienen lässt, wie wir später noch sehen werden. Wenn die Tiere getötet werden, dann nicht selten auf extrem unwürdige Art und Weise. Beispiele dafür finden sich massenhaft im Internet.

Es muss also unterschieden werden zwischen den Straßenhunden, die sich auf der Straße frei bewegen dürfen und die in Ruhe gelassen werden und den Zuständen in den staatlichen Tierheimen, die in schätzungsweise rund 90 % der Fälle nur als beklagenswert zu bezeichnen sind. Die Tierschutzgesetze werden in den wenigsten Ländern wirklich durchgesetzt. Allerdings gibt es auch erfreuliche Ausnahmen: Die Türkei zum Beispiel hat mich gerade im Bereich der Kastration positiv überrascht. Leider muss ich aber auch konstatieren, dass es einige von Tierschützern betriebene Tierheime gibt, in denen inakzeptable Zustände herrschen. Auch sie platzen nicht selten aus allen Nähten, weil die Tierschützer keine Grenzen ziehen können oder es sich aufgrund ungünstiger Fundtierverträge nicht leisten können, weniger Tiere aufzunehmen. Das Personal ist immer zu knapp, dadurch sind die Tiere unterversorgt und gehen leicht in der Menge unter. Hygienisch zu arbeiten ist fast nicht möglich, die Bauweise des Tierheims lässt das auch oft nicht zu. Es gibt aggressive Auseinandersetzungen mit teils gravierenden Folgen unter den Tieren. Ich habe Hunde gesehen, die ihr Leben innerhalb einer Gruppe in einem Zwinger in einer einzigen Ecke verbringen, da sie sofort von den anderen Hunden gemobbt werden, sobald sie sich bewegen. Derartige Missstände fallen den überforderten Tierpflegern leider zu selten auf.

Dieser Tierheimhund »lebt« quasi zwischen einer Hundehütte und dem Zwingerzaun, um dem Mobbing anderer Hunde zu entgehen. Ein grausames Leben.

Mein Resümee nach zwölf Jahren Tierschutz und Reisen in zehn unterschiedliche Länder, in denen ich Hunderte Straßenhunde gesehen habe, ist, dass es den Hunden auf der Straße wesentlich besser gehen kann als in manchen Tierheimen.

Italien

Auf die ersten italienischen Straßenhunde traf ich etwa 660 Kilometer südlich der Schweizer Grenze. Während meiner gesamten anderthalbjährigen Arbeit als stellvertretender Projektleiter des »Tuscany Dog Projektes« in der Nähe von Pisa habe ich in der nördlichen Toskana nie Straßenhunde gesichtet. Je südlicher, desto mehr Hunde.

Italien ist recht dicht besiedelt, und so sind streunende Hunde hauptsächlich in den Vorstädten und Städten zu finden. Im dörflichen Umfeld gibt es eher freilaufende Besitzerhunde. Auffällig war, dass sehr selten ganze Gruppen zu sehen waren. Dr. Dorothea Friz, eine Tierärztin, die seit dreißig Jahren in der Nähe von Neapel vorbildlichen Tierschutz betreibt, sagte, dass sich nach ihrer Erfahrung die Gruppen nach der Kastration auflösen. Ich kann diese Erfahrung allerdings nicht für andere Länder bestätigen. Ich glaube, dass für die Entstehung von Gruppen ein gewisses Platzangebot vorhanden sein muss. In Italien sind die Ortschaften aber sehr dicht besiedelt und die Hunde schließen sich eher einzelnen Häusern an, wo sie geduldet werden. Städtische Parkanlagen habe ich in Italien im Gegensatz zu anderen Ländern wie Rumänien oder der Türkei seltener gesehen, wo es fast immer größere Hundegruppen an diesen Orten gab. Diese bestanden oft gemischt aus kastrierten und nicht kastrierten Tieren und der Kleinhundanteil war relativ hoch.

Die Futterversorgung ist in Italien weniger ein Problem: In keinem anderen Land habe ich so viel Müll herumliegen sehen. Der Export der Hunde ins Ausland ist relativ gering. Scheinbar geht in ganz Italien das Gerücht um, die Deutschen würden die Hunde zu sich holen, damit sie dort letztlich im Labor landen. Ein Vorurteil, das lediglich dazu dient, ausländische Tierschützer fernzuhalten und die Arbeit der inländischen Tierschützer zu erschweren. Der Grund dafür liegt in dem mittlerweile gut organisierten System, mit den Straßenhunden Geld zu verdienen. Das Töten der Hunde ist in Italien seit 1991 verboten, seitdem gibt es eine Chippflicht.[10] Diese wird aber nicht einmal ansatzweise kontrolliert. Italien ist bekannt für seine gewerblich betriebenen, privaten Tierheime, die von den Kommunen teilweise bis zu sieben Euro pro Hund und Tag bekommen. Bei einem Besatz von circa 1000 Hunden sind das monatlich 210.000 Euro. Bei geringsten Versorgungskosten ein sehr lukratives Geschäft! Für die Betreiber der Tierheime ist es also im Grunde genommen lukrativer, die Hunde zu verwahren, als sie zu vermitteln. Zwar sind die Bestandszahlen in den Tierheimen nach oben gesetzlich begrenzt, aber die Betreiber finden immer wieder Wege, dies zu umgehen, indem sie z.B. die Lagerhallen 1, 2 und 3 als jeweils eigenständiges Tierheim angeben, obwohl alle Hallen auf dem gleichen Gelände stehen.

Die Zustände sind dabei katastrophal. In ein solches Tierheim zu kommen ist selbst als einheimischer Interessent sehr schwierig, Vermittlungen und eine Lösung des Problems sind nicht erwünscht.

Es gibt aber auch positive Berichte, so zum Beispiel über die Zusammenarbeit der zwischen Rom und Neapel liegenden Gemeinde Rocca D'Evandro und der Stiftung *Lega Pro Animale* von Dr. Dorothea Friz. Das Projekt umfasst eine Aufklärung und Befragung der Hundehalter, Unterricht in den Schulen, das kostenlose Angebot einer Kastration und die Kontrolle der Chippflicht. Interessant für das Leben der Straßenhunde sind die dabei erarbeiteten Zahlen:

Zwei freiberufliche Tierärzte kontrollierten unter Begleitung von Gemeindepolizisten und der Autorisierung des Bürgermeisters ab November 2010 vier Monate lang 895 Hunde. Davon waren nur 34 herrenlose Streuner und 861 Hunde hatten Besitzer! Nur 146 der Besitzerhunde waren registriert (17 %), 686 Hunde wurden im Moment der Kontrolle gechipt. Neun Besitzer hatten sich geweigert und zwanzig Besitzerhunde waren so wild, dass es selbst mit Hilfe des Besitzers nicht möglich war sie mit einem Mikrochip zu versehen. 33 % der Hunde waren reinrassig, davon in erster Linie Jagdhunderassen, vor allem der Segugio Italiano, gefolgt vom Deutschen Schäferhund. 67 % waren Mischlinge. Nur 49 Hunde (5,7 %) waren bereits kastriert. 667 Befragte (77,5 %) hatten sich gegen die Kastration geäußert.[11] Allerdings sagte mir Dr. Dorothea Friz, dass sich die meisten nach diesem Projekt anders entscheiden würden, da sie die Kastration nicht bereut haben.

Von den 34 streunenden Hunden konnte über die Hälfte nicht eingefangen werden. Dies verdeutlicht, wie schwierig Kastrationsaktionen an wirklichen Straßenhunden durchzuführen sind und dass das eigentliche Problem, zumindest in dieser Region, die freilaufenden Besitzerhunde sind. Ich finde diese Zahlen sehr interessant und es ist sehr schade, dass es anderswo im Tierschutz nicht üblich ist, die Arbeit vor Ort so gut zu dokumentieren. Wir wären um einiges schlauer und effektiver, wenn dem so wäre!

Jagdhunde und Mischlinge aller Art sind in Italien weit verbreitet. Die Schafzucht spielt nicht mehr eine so große Rolle wie früher, und so trifft man den typischen Herdenschutzhund, den Maremmano und dessen Mischlinge, heute eher selten an.

Türkei

Die Türkei ist neben Rumänien das Land mit den wohl meisten Straßenhunden. Das sollte eigentlich eher verwundern, gilt der Hund doch in muslimischen Ländern als unrein. Mit dieser Information im Kopf bereiste ich einen zugegebenermaßen nur kleinen Teil dieses sehr großen Landes und war gespannt darauf, wie die zahlreichen Straßenhunde dort akzeptiert würden, aber auch in trauriger Erwartung auf die Situation vor Ort und das viel beschriebene Elend.

Wieder einmal wurde ich eines Besseren belehrt. Die Straßenhunde wurden dort genauso gut akzeptiert wie in anderen Ländern auch. Wenn ich Türken auf die Unreinheit des Hundes ansprach, wussten sie oft gar nicht, was ich meinte. Auch wenn der Glaube in der Türkei tiefer verwurzelt ist als in Deutschland, ist nicht jeder Türke ein muslimischer Hardliner. Die logische Folge daraus wäre, dass es dann kaum Hunde in der Türkei geben würde, und dem ist nun wirklich nicht so. Viele Menschen waren tief betroffen, wenn ich ihnen berichtete, dass in Deutschland oft erzählt würde, Türken würden allein wegen ihres Glaubens Hunde nicht mögen. Ein Mann war sogar so betroffen, dass er irgendeinen Termin absagte und mit mir durch die Stadt Tegirdag fuhr, um mir die Straßenhunde zu zeigen. Er erzählte mir, wie er regelmäßig Hunde zum Kastrieren oder zur Behandlung einfing und zur Klinik brachte. Von ihm hörte ich auch zum ersten Mal die Information, dass die Straßenhunde bereits seit über 15 Jahren in der Türkei kastriert und wieder ausgesetzt würden, und das alles finanziert vom Staat! Die Türkei ist das Land, in dem ich die meisten Hunde mit Ohrmarke gesehen habe, egal ob in den Städten oder in dörflichen Regionen. Laut Tierschutzgesetz müssen Hunde eingefangen, kastriert und wieder an Ort und Stelle ausgesetzt werden.[12] In keinem anderen Land habe ich diese Maßnahme so stark verbreitet vorgefunden. Mitverantwortlich dafür war ein britischer Tierschützer namens Robert Smith, der das *Neuter and Release-Programm* einführte und viele Tierärzte schulte, wie man möglichst schonend mit extrem kleinen Einschnitten kastrieren kann. Warum es in der Türkei trotzdem so viele Hunde gibt, erkläre ich in späteren Kapiteln.

Es ist allerdings tatsächlich so, dass die wenigsten Türken einen Hund besitzen, und wenn, dann einen Rassehund. Vom türkischen Herdenschutzhund, dem Kangal, wird immer sehr stolz gesprochen. In Istanbul erzählte mir der Tierarzt Yüksel Ceylan, dass 95 % seiner Kunden Rassehundehalter seien. Die Art der Haltung ist natürlich nicht so, wie wir es gerne hätten. Im Haus sind selten Hunde anzutreffen, mit Ausnahme der kleinen Schoßhunde – das gilt aber auch für die anderen Länder. Mischlinge, die im dörflichen Bereich vor den Häusern liegen, sind so gut wie nie bewusst von irgendjemandem angeschafft worden: Sie sind einfach irgendwann einmal aufgetaucht und an Ort und Stelle geblieben, weil sie dort akzeptiert wurden. Unter den Hunden sind fast immer Kangals und deren Mischlinge zu finden. Die Schafzucht ist weit verbreitet, und bei der Einreise in die Türkei sieht man schon gleich hinter der Grenze die ersten Kangals, die das Glück haben, noch arbeiten zu dürfen.

Unter den Straßenhunden gibt es zahlreiche Gruppen, aber auch Einzelgänger, die meistens aus mittelgroßen Hunden bestehen.

Ich möchte gerne noch eine kleine Geschichte erzählen, die verdeutlicht, dass es auch in der Türkei zahlreiche Menschen gibt, die sich um die Straßenhunde kümmern. Leider konnte ich sie nicht fotografisch festhalten. Vom oben bereits erwähnten Tierarzt erfuhren wir, dass es eine Dame gibt, die die Straßenhunde regelmäßig füttert. Immer, wenn sie einkaufen fuhr, folgten ihr diverse Hunde aus der Nachbarschaft zum nächsten Laden, dort ging sie einkaufen und gab den Hunden etwas zu Fressen. Irgendwann sah das dann so aus, dass sie in Begleitung von bis zu zwanzig Hunden auf den Parkplatz fuhr. Der Ladenbesitzer fand das nicht so toll und verbot ihr, weiterhin bei ihm einzukaufen. Das Nette an dieser Geschichte war aber, dass der Ladenbesitzer ihr anbot, sie solle einfach anrufen, wenn sie etwas bräuchte und er würde es ihr dann bringen. Die Dame nahm das Angebot an und füttert die Hunde jetzt an ihrem Aufenthaltsort.

Spanien

Beim Betrachten der Karte auf S. 36 dürften sich viele Leser darüber wundern, dass Spanien frei von Straßenhunden sein soll, kommen doch zahlenmäßig die meisten Importhunde gerade von dort. Da verwundert zunächst die Aussage, dass es im Land seit rund zwanzig Jahren keine Straßenhunde mehr geben soll, die mallorquinischen und kanarischen Inseln eingeschlossen. Tatsächlich ist dies aber größtenteils wahr.

Natürlich kann man nicht ausschließen, dass sich irgendwo in der spanischen Pampa ein paar ausgesetzte Hunde zusammengetan haben und für eine gewisse Zeit selbständig auf der Straße leben oder sehr schlaue und angepasste Hunde sich auf den Straßen Spaniens bewegen. Dies kann aber auch für andere Länder gelten. Diese Hunde sind dann meistens extrem scheu und kommen nur im Dunklen heraus, sodass sie den Einfangaktionen von staatlichen Tierfängern oder Tierschützern oft entgehen können.

Man kann also mit sehr hoher Wahrscheinlichkeit davon ausgehen, dass ein Hund aus Spanien kein typischer Straßenhund ist. Der Grund dafür liegt im kontinuierlichen Wegfangen der Hunde. Dies passiert zum einen durch staatliche Hundefänger, die die Tiere dann in eine sogenannte Perrera bringen. Übersetzt heißt dies eigentlich Zwinger, wir bezeichnen es aber oft als Tötungsstation – und das ist sie auch: nach 21 Tagen, es können auch mal mehr oder weniger Tage sein, wird jeder Hund in der Perrera eingeschläfert. Egal ob jung, alt, lieb oder gefährlich, ob Rassehund oder Mischling. Mit viel Glück kommt ein Besitzer, der seinen Hund vermisst oder ein Tierschützer, der ihn herausholt, wobei letzteres wahrscheinlicher ist.

Zum anderen helfen Tierschützer mit eigenen Tierheimen, die Straßen hundefrei zu halten. Spanien ist schon seit Jahrzenten ein beliebtes Urlaubsland der Deutschen. Viele der Tierschützer, die heute dort aktiv Tierschutz betreiben, wollten eigentlich nur Urlaub machen, sahen das Elend auf den Straßen und bauten dann einen Tierschutzverein auf, meist finanziert durch Spenden aus Deutschland. Das Ganze fing bereits in den Achtziger Jahren an. Zu diesem Zeitpunkt waren tatsächlich noch richtige Straßenhunde in Spanien unterwegs.

In Spanien sind überdurchschnittlich viele Jagdhunde wie die Podenco Ibicenco, Galgo Español und so weiter in den Tierheimen vertreten. Die Art und Weise, wie traditionell dort gejagt wird, ist nicht mit der unseren zu vergleichen. Anhängerweise werden zahlreiche Jagdhunde einfach in die Wildnis geschickt, um möglichst viele jagdbare Tiere, meist Kaninchen, aufzuscheuchen, zu fangen oder einzukesseln, der Jäger besorgt den Rest. Nach der Jagd werden die Hunde zurückgepfiffen, und wer dann nicht rechtzeitig zurückkommt, bleibt einfach da. Die Hunde haben keinen besonderen Wert, da sie nicht wirklich ausgebildet sind und es tonnenweisen Nachschub gibt. Alte und kranke Hunde werden natürlich auch mal bewusst ausgesetzt. Wie schon beschrieben, werden die Tiere in Spanien weggefangen, noch bevor sich scheue und verwilderte Straßenhundepopulationen bilden können. Das Traurige an der Sache ist, das hier keine Alternativprojekte wie das *Neuter and Release* mehr möglich sind. Die Voraussetzung dafür wäre nämlich, dass die Tiere auf der Straße in Ruhe gelassen werden. Schließlich hat es keinen Sinn, die Tiere zu kastrieren und wieder freizulassen, wenn der Hundefänger sie kurz danach wieder einfängt.

Die Insel Mallorca ist ein Paradebeispiel dafür, dass das Hundeelend nicht allein durch Wegfangen und Einsperren oder Töten zu lösen ist. Ich kenne keine andere Insel, auf der so viele Tierschützer aktiv sind, und trotzdem nimmt es kein Ende. Die Straßen sind zwar hundefrei, aber die Tierheime platzen aus allen Nähten. Der Grund dafür ist zum einen, dass die Politik alles tut, um die Arbeit der Tierschützer zu erschweren und zum anderen, dass ständig Nachschub von Menschenhand erzeugt wird, indem Hunde gezüchtet, auf Märkten verkauft, frei laufen gelassen, aber nicht kastriert oder auch ausgesetzt werden. Hier wird wieder verdeutlicht, dass das Problem im Grunde genommen beim Menschen zu suchen ist und nicht, weil sich Hunde in Massen auf der Straße vermehren. Das trifft meiner Meinung nach auch auf andere Länder zu.

Das Problem der Straßenhunde in Spanien könnte man als gelöst ansehen. Aber zu welchem Preis? Jährlich werden Hunderttausende Hunde in Spanien vom Staat umgebracht. Es kommen ständig Hunde nach und werden nicht weniger. Spanien hat sich in dieser Hinsicht festgefahren. Obwohl es, wie schon beschrieben, staatliche Tötungsstationen, private Tierheime und eine regelmäßige Ausfuhr von Hunden nach Deutschland oder andere Länder gibt, tut sich nur sehr wenig vor Ort.

Rumänien

»Rumänien, das Land der Hunde« wie ein rumänischer LKW-Fahrer zu mir sagte, während er sein Essen mit drei Streunern an einem Rastplatz teilte.

Gerade in und um Bukarest sind sehr viele Hunde zu sehen. Hierfür gibt es auch einen plausiblen Grund: Der in den Jahren 1965 bis 1989 herrschende Diktator der Sozialistischen Republik Rumäniens Nicolae Ceaușescu wollte die Städte,

Eine Mutterhündin mit sechs bis sieben Wochen alten Welpen und Kastrations-Ohrmarke. Entweder wurde bei der Kastration geschlampt oder die Marke wurde ohne Kastration gesetzt, um sich ohne Arbeit zu bereichern.

insbesondere Bukarest, zu großen, produktiven Städten anwachsen lassen und befahl der Landbevölkerung, in die Plattenbauten zu ziehen. So wurden die Hunde in den Dörfern sich selbst überlassen, und diejenigen, die mitkamen, durften nicht in den Plattenbauten leben und sammelten sich zu Hunderten vor den großen Gebäuden. Dies erzählten uns unabhängig voneinander viele Menschen in Bukarest. Auch wenn dies der Beginn der Straßenhundeproblematik war, ist es nicht der alleinige Grund, warum wir heute noch so viele Streuner auf Rumäniens Straßen sehen. Auch hier kommen zu viele Hunde aus Besitzerhand.

Im Allgemeinen kannten viele Rumänen die Problematik der Straßenhunde sehr gut. So hörten wir immer wieder, dass die Kastrationsprojekte wegen korrupter Tierärzte zum Scheitern verurteilt waren und dass es Hundefänger gibt, die durch die Tiere viel Geld von der Gemeinde oder Stadt verdienen und völlig rücksichtslos alle Hunde auf der Straße einfangen, auch die freilaufenden Besitzerhunde.

Überall, wo viel Platz ist, beispielsweise in Parks und Parkplätzen, vor Einkaufszentren oder Wohnungsanlagen, sind Gruppen von Hunden anzutreffen. Kleine Hunde haben wir in Bukarest, im Gegensatz zu Italien, kaum auf der Straße gesehen. Das hat vielleicht mit den klimatischen Bedingungen zu tun: Die Winter in Rumänien sind sehr hart und kleine Hunde schaffen es vielleicht nicht, unter diesen Bedingungen zu überleben.

In rumänischen Industriegebieten gibt es nicht eine Firma, vor der nicht mehrere Hunde liegen.

Innerhalb der Stadt Bukarest gibt es sehr viele Häuser mit eingezäuntem Grundstück, und fast auf jedem befindet sich ein Hund. Manche können das Grundstück verlassen, manche nicht. Die staatlichen Tierheime sind eine Katastrophe, *Neuter and Release* ist außerhalb von Bukarest ein Fremdwort. Die politischen Entscheidungen scheinen irgendwie ständig zu wechseln. Seit 2012 durften offiziell keine Hunde mehr getötet werden, dafür fand man andere Lösungen, die Tiere zu entsorgen. Als im September 2013 ein Kind durch Straßenhunde zu Tode kam, wurde danach das Gesetz im Oktober 2013 überarbeitet und das massenhafte Töten der Streuner wurde wieder offiziell. Seit dem 20. Juni 2014 ist es wiederum illegal, Hunde zu töten. Aber die Bukarester Tierschutz-Aufsichtsbehörde ASPA, die offiziell der Bukarester Stadtverwaltung unterstellt ist, setzt die

Streuner-Tötungen trotzdem widerrechtlich fort, wie die Organisation *Vier Pfoten* berichtet. Es ist also nach wie vor ein unübersichtliches Hin und Her, was wieder einmal zeigt, wie schwierig das Arbeiten vor Ort für die Tierschutzvereine ist.

Griechenland

Die Zahl der Einwohner pro Quadratkilometer ist sehr gering, trotzdem sind auf dem Festland sehr viele Straßenhunde anzutreffen. Der Grund dafür sind zum einen die vielen dörflichen Strukturen – hier spielt Schafhaltung eine große Rolle – entsprechend viele griechische Herdenschutzhunde der Rasse Hellenikos Poimenikos und deren Mischlinge haben wir gesehen. Die Jagdleidenschaft ist, wie in anderen Ländern auch, recht hoch, entsprechend viele Jagdhunde und deren Mischlinge sind unter den Straßenhunden zu finden.

Der große Unterschied zu anderen Ländern ist, dass es nicht sehr viele staatliche Tierheime gibt und auch keine Hundefänger aktiv sind. Tierheime werden, wenn überhaupt, wie in Deutschland auch von den Städten und Gemeinden mitfinanziert oder sie sind rein privat betrieben und können nicht viele Straßenhunde aufnehmen. Dies könnte ein Vorteil für die Straßenhunde sein, wenn es nicht auch einige Einheimische geben würde, die sich an den Hunden stören und das Problem selbst lösen wollen oder müssen. Immer wieder habe ich in Griechenland von Vergiftungsaktionen gehört. Die Inseln sollen weitestgehend frei von Streunern sein.

Bulgarien

In Bulgarien gab es weit weniger Straßenhunde, als ich vermutet hatte. Sowohl in den Städten als auch auf dem Land waren nur vereinzelt Hunde unterwegs und gerade im ländlichen Bereich sahen wir mehr Kettenhunde als freilaufende Streuner. Selbst in der Hauptstadt Sofia stießen wir nur auf sehr wenige Gruppen.

Auffällig war, dass die Hunde dort im Vergleich zu anderen Ländern sehr misstrauisch waren. Immer dann, wenn ich Fotos machen wollte und ihnen somit Aufmerksamkeit widmete, reagierten sie fast panisch und distanzierten sich sehr schnell von mir. Mir kam es so vor, als ob es hier vor kurzem eine Einfangaktion gegeben hatte und die Hunde von Sofia dank ihres scheuen Verhaltens nicht eingefangen werden konnten und übrig geblieben waren. Dies ist natürlich nur ein Verdacht. Vor Ort gab es kaum Menschen, die mir eine Auskunft geben konnten oder wollten. Eine Dame, die mit zwei Mischlingshunden spazieren ging, von den einer einfach nur ein mitlaufender Straßenhund war, wurde mir gegenüber sehr misstrauisch, als ich sie auf die Situation der Straßenhunde ansprach. Sie wollte nicht, dass ich Fotos machte und sagte nur im Weitergehen, dass dies hier ein sehr schwieriges Thema sei. Auch bei nachträglichen Recherchen und Anfragen bekam ich keine weiteren Informationen. Insgesamt sind nur wenige deutsche Tierschützer in diesem Land aktiv.

Serbien

Insgesamt haben wir auch in Serbien weniger Streuner gesehen, ab Kroatien bekam ich dann gar keine mehr vor die Kamera. Die meisten trafen wir rund um Belgrad, vor allem bei dem beliebten Ausflugsziel Avala. Dort steht auf einem etwa zweihundert Meter hohen, bewaldeten Hügel ein etwa ebenfalls zweihundert Meter hoher Fernsehturm, der auch als Aussichtsturm genutzt wird. Dieser Ort ist für das Aussetzen von Hunden sehr beliebt.

Aufgrund dessen vermute ich, dass es sich bei den Straßenhunden hauptsächlich um ausgesetzte Tiere handelt. Die Vermittlungsrate des Tierheims »Riska« in der Nähe von Avala ist gleich Null, ins Ausland wird hier nicht vermittelt und bei 230 Hunden gibt es einen Aufnahmestopp. Die Folge ist, dass es keine Fluktuation des Hundebestandes gibt. Das heißt auf der einen Seite, das Abgabehunde und Straßenhunde auf der Straße landen oder bleiben. Auf der anderen Seite sorgt man mit einem Aufnahmestopp dafür, dass

die Hunde, die im Tierheim sind, einigermaßen gut versorgt werden können. Keine leichte Entscheidung. Immer mehr Tiere werden von ihren Besitzern aus finanziellen Gründen abgegeben, eine Tendenz, die es übrigens auch durchaus in Deutschland gibt. Die Deutschen würden sich allerdings wundern, wenn sie realisieren würden, mit wie wenig Geld die Menschen in anderen Ländern zurechtkommen müssen. Das Nettodurchschnittseinkommen in Serbien lag 2012 bei 365 Euro und in Serbien ist nicht alles viel billiger als in Deutschland.[13] Generell ist der Auslandstierschutz in Serbien sehr gering vertreten.

Auffällig viele Rassehunde, Junghunde und zutrauliche Hunde begegneten mir auf den Straßen in Serbien, die meisten rund um Belgrad.

SİLİVRİ BELEDİYESİ

Der Alltag eines Straßenhundes

Im Grunde genommen kann sich der Alltag eines Straßenhundes mit dem eines Haushundes decken, vorausgesetzt, der Straßenhund wird nicht gerade von Hundefängern verfolgt und der Haushund wird tiergerecht gehalten. Die folgenden fotografischen Beispiele, insbesondere zum Thema Spielen, werden auf Sie vielleicht ungewohnt positiv wirken. All diese Bilder sind aber nicht etwa nur die seltenen Sahnehäubchen meiner Beobachtungen, sondern tatsächlich die Regel gewesen. Es sind Momentaufnahmen, die zeigen, dass auch Straßenhunde schöne oder »normale« Lebensabschnitte durchleben dürfen, in denen sie ganz Hund sein dürfen. Die Themen sind nach Häufigkeit sortiert.

Ruhen

Wie alle Hunde ruhen auch Straßenhunde viel. Ein Großteil ihres Lebens besteht aus Schlafen und Ruhen – die einen mehr, die anderen weniger. Bei den »Pizzahunden« waren es 71,46 Prozent eines Tages.[14] Das entspricht circa 17 Stunden am Tag und deckt sich auch mit den Erfahrungen aus meinen Beobachtungen an Straßenhunden und Haushunden.

Nach Thomas Baumanns Erfahrungen bei Haushunden haben die gesündesten Hunde (vor allem psychisch) einen Zeitraum an erheblichen Tagesaktivitäten von zwei bis drei Stunden. Der Rest ist gemütliches Relaxen und viel Schlafen.[15] Allerdings ist Schlaf nicht gleich Schlaf. Neben dem Tiefschlaf mit hohem Erholungswert gibt es Ruhe und Leichtschlafphasen, die immer wieder durch Störungen der Umwelt unterbrochen werden können. Diese Störungen kommen bei Straßenhunden sicherlich öfter vor als bei Haushunden und sorgen für eine kontinuierliche Auslastung. Jederzeit könnte etwas passieren – und das darf man auf keinen Fall verpassen. Bei den Pizzahunden waren es zum Beispiel oft die Wildschweine, die besonders nachts dafür sorgten, dass das Rudel immer wieder beim Ruhen beziehungsweise Schlafen unterbrochen wurde. Dann gab es erst einmal Alarmbellen, allgemeine Aufregung und eventuell einen Wechsel der Liegestelle. In anderen Gruppen, sprich auf der Straße, kann der Störfaktor ein ungewohnt herannahender Mensch, andere Hunde, eine Katze oder irgendein unbekanntes Geräusch sein. Das führt dazu, dass man als Hund immerzu achtsam sein muss – was sehr energiezehrend ist, aber für ein ausgeglichenes Wesen sorgt.

Das, was unseren Haushunden im Grunde genommen oftmals fehlt, ist genau diese kontinuierliche Beschäftigung. Das heißt, dass die Haltung als Wachhund auf einem großen Gelände nicht immer als negativ betrachtet werden muss, sondern im Einzelfall auch eine gute Auslastung sein kann. Vorausgesetzt, der Hund hat die Disposition dazu und wird nicht wie üblich nur im Zwinger gehalten. Das Wachen im Haus ist eher eine Ersatzbeschäftigung, die man zufällig mitnimmt. Da sich Besucher und Fremde in der Regel durch die Klingel ankündigen, kann man es sich als Hund auch leisten, unachtsamer zu sein. Störungen sind für den Haushund sehr berechenbar und sorgen für Abwechslung in der von der Umwelt stark abgeschirmten Wohnung, weshalb die Hunde in vielen Fällen auch zu Übertreibungen neigen.

Auch Straßenhunde bevorzugen weiche Untergründe zum Schlafen.

Tiefschlaf trotz großen Störfaktors durch eine Menschenmenge. Dieses Verhalten zeugt davon, dass dieser Streuner nicht unbedingt schlechte Erfahrungen mit dem Menschen gemacht hat.

Auch vor sich hin Dösen gehört zum Ruhen. Hier möchte der Hund die Umwelt im Auge behalten, obwohl er recht müde zu sein scheint.

Auch hier kann nicht von einem scheuen Hund die Rede sein: Kurze Erholungsphase durch Ablegen in einer sehr aktiven Menschenmenge. Ich kenne einige in deutschen Haushalten aufgewachsene Hunde, die mit dieser Situation völlig überfordert wären.

Gucken

Ja, sie lesen richtig. Gucken ist etwas, mit dem Straßenhunde sich sehr lange beschäftigen können, so banal es klingt. Sie haben ja auch Gelegenheit dazu, schließlich sind sie mitten im Geschehen. Gucken könnte auch heißen, die Umwelt einfach im Blick zu behalten oder ohne einen bestimmten Auslöser oder ein bestimmtes Ziel die Umwelt abzuscannen. Dabei geht es allerdings nicht unbedingt um die territoriale Wachsamkeit oder Kontrolle der Umwelt, sondern vielmehr um allgemeines Gucken.

Das Gucken ist eine Beschäftigung, auf die Straßenhunde jederzeit und uneingeschränkt zugreifen können. Unterschiedliche Auslöser können zu unterschiedlichen Reaktionen führen. Erblickt der Hund seinen Lieblingsfutterspender, einen fremden Hund oder eine Katze? Die Reaktionen können sehr unterschiedlich sein, und manchmal kann auch passieren was will und der Hund bleibt einfach liegen. Straßenhundgelassenheit.

Allgemeines Gruppengucken. Gerade früh morgens nach dem Schlaf wird erst einmal geschaut, was denn so los ist auf der Straße.

Wachsamkeit

Wachsamkeit ist kein Dauerzustand, sondern meist eine Reaktion auf einen Störfaktor zur Feindvermeidung. Da es, wie eben schon beschrieben, auf der Straße oder im Wald immer wieder zu Störungen kommen kann, kommt das Wachen recht häufig vor. Da es aus sehr unterschiedlichen Verhaltensweisen und Reaktionen besteht, ist es auch recht energieraubend. Unterschiedliche Verhaltensweisen heißt, dass der Begriff des Wachens eigentlich eher ein Überbegriff ist und sich durch zum Bespiel Beobachten, sich Präsentieren, Alarmbellen, Verbellen oder eine Scheinattacke zeigen kann.

Unten: Klassisches Imponierstehen gegenüber einem gruppenfremden Hund (nicht im Bild). Präsenz ist auch ein Teil der Wachsamkeit, die dem Gegenüber vermitteln soll, dass er hier nicht machen kann, was er will.

Das Alarmbellen ist auch an die anderen Gruppenmitglieder gerichtet und soll ihnen mitteilen, dass es eventuell einen Feindkontakt gibt. In diesem Fall hat sich der Hund aus dem Schlaf heraus über mich erschrocken.

Defensives Alarmbellen.

Offensives Alarmbellen.

Futterbesorgung

Über 95 % aller Straßenhunde, die ich gesehen habe, waren in einem erstaunlich guten Ernährungszustand. Dies liegt zum einen daran, dass in den »Straßenhunde-Ländern« nicht unbedingt auf eine umweltgerechte Entsorgung des Mülls geachtet wird. Das heißt, dass sowohl im städtischen als auch im ländlichen Bereich immer irgendwo Essensreste zu finden sind, und diese aufzuspüren ist für einen Hund mit seinem perfekt ausgestatteten Riechorgan eine Leichtigkeit. Zum anderen gibt es in allen Ländern auch immer wieder Menschen, die den Streunern wohlgesonnen sind und ihnen etwas von ihrem Frühstücksbrot abgeben.

Immer gab es überall auch Menschen, die den Streunern wohlgesonnen waren und ihnen etwas zu Essen abgaben.

Bei meinen Reisen traf ich auf unzählige kleine oder größere Futterstellen mit Essensresten oder Hundefutter.

Viele Einheimische füttern die Hunde. Ein klares Zeichen dafür, dass es im Ausland nicht nur hundefeindliche Menschen gibt!

Oftmals finden sich an diesen Stellen auch Behälter mit frischem und sauberem Wasser, für die Tierschützer oder tierliebe Privatmenschen verantwortlich sind.

Dann gibt es noch die »Touristenbegleithunde«, die sich das Futter auf sehr geschickte und teilweise aufdringliche Art und Weise erbetteln. Zum Teil habe ich Straßenhunde gesehen, die durchaus auch einmal etwas weniger Futter vertragen hätten.

Das Jagen von wilden Beutetieren oder Haustieren habe ich selbst nie beobachten können. Laut einer Studie wurde in Nordamerika beobachtet, dass ein Rudel Hunde erfolgreich Wild jagte.[16] Dies ist aber sicher eine sehr große Ausnahme. In ländlicheren Gegenden kommt es gelegentlich, vor, dass Schafe oder Ziegen gerissen werden. Immer wieder versuchen die Schäfer, den Wolf dafür verantwortlich zu machen, aber nicht selten stellt sich bei genauerer Analyse heraus, dass ein freilaufender Hund dafür verantwortlich war. Da der Hund nun mal eine mehr oder weniger große Disposition zum Jagen hat, kann man auch nicht ganz ausschließen, dass es gelegentlich ein Nutztier trifft. Bei den meisten Jagden dürfte die Motivation aber eher im Ausüben eines Hobbys nach dem Motto »Gelegenheit macht Diebe« liegen als in ernsthafter Jagd zur Futterbeschaffung. Das Einzige, was ich diesbezüglich beobachten durfte, war das Ausbuddeln von Mäuselöchern, und selbst dies war selten von Erfolg gekrönt.

Insgesamt kann man sagen, dass die Suche nach Futter tatsächlich weniger ein Problem darstellt, als manch ein Tierschützer beklagt. Ausnahmen bestätigen selbstverständlich auch hier die Regel. Es gibt Gebiete, in denen Hunde selbständig und ohne Hilfe des Menschen nicht zurechtkommen würden, wie zum Beispiel auf Teneriffa (s.S.103) oder in Touristengebieten, in denen sie außerhalb der Saison nicht versorgt werden.

Ohne die Fütterung des Menschen wäre diese Podenca auf Teneriffa im Vulkangebiet des Teide nicht überlebensfähig. Warum sie trotz ausreichenden Futters so dünn ist, bleibt eine offene Frage.

Dieser Hund leidet sicherlich keinen Hunger oder muss täglich ums Futter kämpfen. Dicke Straßenhunde waren keine Seltenheit.

Einfacher kann man es nicht haben – von
Überlebenskampf kann hier keine Rede se

Müllcontainer sind hoch interessant und quasi die Zielobjektsuche der Streuner. Übrigens suchen die Hunde auch dann im Müll nach Fressbaren, wenn sie ausreichend Futter bekommen.

Hier belagert eine Gruppe von Hunden ein Pärchen beim Picknick in einem türkischen Park. Stören tut sich daran keiner. Stellen Sie sich diese Szene einmal in Deutschland vor …

Spielen

Warum Hunde spielen, beschäftigt die Wissenschaft nach wie vor. Es gibt einige Theorien dazu, wie zum Beispiel die, dass es dem Einüben körperlicher Fähigkeiten und dem Erlernen von Techniken wie dem Jagen oder dem Erlernen von sozialen Umgangsformen diene.

Was wir aber genau wissen, ist, dass das Spielen auch Nachteile hat. »In dieses Verhalten wird zum einen wertvolle Energie investiert und es ist zum anderen nicht ganz ungefährlich. Immerhin ist ein spielendes Tier abgelenkt von Gefahren, die ihm aus der Umwelt drohen, und man kann sich besonderes beim rabiaten Spielen leicht verletzen«.[17] Erik Zimens Aussage dazu war: »Es (das Spielen, in diesem Fall bei Welpen) tritt auch nur dann auf, wenn keine Gefahr droht und die Tiere entspannt von anderen Antrieben oder Hemmungen wie großen Hunger oder Müdigkeit sind«.[18] »Spielen findet stets und nur im »entspannten Feld« (Meyer-Holzapfel 1956) statt, zu einer Zeit also, in der keine anderen Verhaltenstendenzen (Nahrungsaufnahme oder Droh-beziehungsweise Fluchtverhalten) aktiviert sind«.[19]

Diese Aufzählung wissenschaftlicher Aussagen soll verdeutlichen, dass es einem spielenden Hund simpel und einfach gut gehen muss. Er hat weder Hunger noch ist er krank und fühlt sich in seiner Umwelt sicher und entspannt. Demnach sollte man, wenn man den Negativberichten der Tierschützer glauben möchte, keine spielenden Straßenhunde sehen können. Ich habe aber immer wieder etliche Streuner beim ausgelassenen Spiel beobachten können.

Streunen

Die Motivation des Streunens, quasi des »Gassigehens«, ist nicht unbedingt die der Futterbesorgung. Wie bereits beschrieben, sind die Hunde einer Gruppe meistens eher alleine unterwegs, allerdings selten weiter von der Gruppe weg als etwa fünfhundert Meter. Das Gleiche konnte ich beobachten, wenn ich allein umherlaufenden Hunden begegnete und ihnen folgte. Es dauerte jedes Mal nicht lange, bis sie in ihrem Kernrevier ankamen. Genauere Beobachtungen dazu konnten wir bei den »Pizzahunden« machen: Außerhalb der Paarungszeit und der Höhlensuche halten sich die Hunde hauptsächlich, bis auf ein paar kleinere Erkundungsgänge, im etwa vier Quadratkilometer großen Kernrevier auf. Während der Läufigkeiten und der Höhlensuche ist das Rudel wesentlich aktiver und durchstreift einen Aktionsbereich von etwa zweiundzwanzig Quadratkilometern.[20]

Da die meisten Hundegruppen innerhalb ihres Kernrevieres an Futter kommen, liegt die Motivation des »Gassigehens« eher bei allgemeinen Erkundungsgängen mit Reviermarkieren. Straßenhunde sind also relativ ortstreu und gehen nicht etwa drei Mal täglich spazieren, um die Gegend zu erkunden oder ähnliches.

Im Zusammenhang mit dem Reviermarkieren noch ein Wort zur »Stubenreinheit« der Streuner: Ihnen wird oft nachgesagt, dass man bei der Integration in einen Haushalt keine Stubenreinheit von ihnen erwarten kann, da sie dies nie vom Menschen gelernt hätten.

Diese Aussage ist aber von daher recht absurd, dass erwachsene Hunde im Allgemeinen ihre Geschäfte nicht gerne im Kernrevier, sprich im häuslichen Umfeld, erledigen. Liegen Futterstellen im Kernrevier und in der Nähe der Liegeplätze, kann es Ausnahmen bei der Markierung der Futterstelle geben. Dies ist ein natürliches Hundeverhalten – ich kenne auch einige Haushunde, die nach dem Fressen ihren Napf markieren würden, wenn man sie ließe.

Tatsächlich ist es oft der Fall, dass wirkliche ehemalige Streuner ihr Geschäft bevorzugt draußen erledigen, weil sie es immer dort gemacht haben. Kurz nach der Übernahme kann es schon einmal zu einem Malheur kommen, da sich die Tiere erst einleben und sich dem Tagesrhythmus des Besitzers anpassen müssen. In der Regel geht das aber sehr schnell, sodass die Stubenreinheit bei Auslandshunden kein großes Thema ist.

Ausnahmen gibt es bei Hunden, die ihr Leben lang in einem Verschlag oder Zwinger gelebt haben. Sie hatten leider nie die Möglichkeit, ihr Umfeld sauber zu halten. Aber egal, welche Geschichte die Hunde hinter sich haben – nach meiner Erfahrung stellte die Stubenreinheit bei der Vermittlung von vielen Auslandshunden nur ganz selten ein Problem dar.

Gerade im städtischen Bereich müssen die Hunde auf den Straßenverkehr aufpassen. Dieser Streuner geht bei Grün über die Ampel.

Die berühmte Ausnahme von der Regel, dass die Hunde meistens alleine unterwegs sind, bestätigt diese Streunergruppe an der Strandpromenade von Silivri/Türkei, die geschlossen und schnell am Strand entlang lief. Eine seltene Beobachtung, da ich keinerlei Hinweise auf eine läufige Hündin ausmachen konnte. Ich folgte, kam aber kaum hinterher. Immer wieder stoppten die Hunde und spielten ausgelassen im Wasser.
Sie liefen immer weiter Richtung Westen, drehten dann wieder um und liefen oder rannten spielerisch wieder in die andere Richtung. Ich fotografierte wie im Wahn und nahm zuerst gar nicht wahr, dass sie tatsächlich mit einem Mann und seinem Kind spazieren gingen.
Den Mann mit Kind sehen Sie auf vielen Fotos.
Ich verfolgte die Gruppe weiterhin. Sie lief mit dem Mann in die Stadt hinein und wartete sogar vor einem Geschäft auf ihn, bis er wieder herauskam. Als ich merkte, dass der Herr sich ein wenig von mir verfolgt fühlte, sprach ich ihn an. Leider winkte er nur ab und ich bekam keine Informationen. Ich vermute, dass er die Gruppe fütterte. Dass es seine eigenen Tiere sind, kann man eigentlich ausschließen. Da ich Paparazzimethoden unhöflich finde, verfolgte ich den Herrn und die Gruppe nicht weiter. Für mich war die Sache aber glasklar: Die Hunde haben es in vollen Zügen genossen, mit »ihrem« Menschen spazieren zu gehen.

Soziale Kontakte

»Soziale Kontakte sind für jeden Hund wichtig«, bekommen wir oft von neunmalklugen Hundehaltern entgegengesetzt, wenn wir unseren vielleicht nicht verträglichen Hund an die Leine nehmen, um eine Eskalation bei der Begegnung mit Artgenossen zu verhindern.

Ob ein Hund sozialverträglich ist, hängt von vielen Faktoren ab, wie zum Beispiel von «vorgeburtlichen Einflüssen«[21], «genetischen beziehungsweise züchterischen Einflüssen«[22] und Erfahrungen.

Schließlich muss soziale Kommunikation auch erlernt werden. Dazu kommt es allerdings bei unseren Haushunden nicht immer, wie etwa durch Zwingerhaltung oder sonstige Isolation von Artgenossen. Auch negative Erfahrungen in einer schlecht geführten Welpengruppe können schuld sein.

Manchmal kann man aber auch alles richtig machen und trotzdem einen unverträglichen Hund haben. Während wir uns mit unserem Raufer in immer wieder auftretenden Diskussionen mit anderen Hundehaltern à la »Machen Sie doch Ihren Hund von der Leine, dann ist er auch nicht aggressiv«, beschäftigen müssen, ist es bei den Straßenhunden wesentlich einfacher: Ein nicht verträglicher ausgesetzter Hund wird relativ schnell lernen, dass es nicht unbedingt klug ist, sich mit jedem anzulegen. Was um Gotteswillen nicht heißen soll, das Sie Ihren unverträglichen Hund, komme was wolle, raufend durch die Gegend laufen lassen sollen!

Die Bedingung für das Erlernen der sozialen Kommunikation in diesem Fall ist, dass der Hund kontinuierlich der Situation Straße ausgesetzt ist und mit einer Gruppe von konstanten Charakteren zu tun hat. In diesem Zusammenhang kommt von Seiten des Tierschutzes oft das Argument, Auslandshunde seien sehr verträglich. Dem stimme ich auch im Großen und Ganzen zu, aber es ist halt nicht immer so.

Selbst wenn ein Hund sich innerhalb einer Gruppe gut verträgt, heißt das nicht, dass er sich dann auch mit jedem anderen Hund gut versteht. Diese Erfahrung musste ich oft bei meiner Arbeit im Tierheim machen. So bekamen wir hin und wieder Gruppen in unser Tierheim, die vorher im ausländischen Tierheim teilweise monatelang zusammengesessen hatten und sich vertrugen. In Deutschland angekommen, mussten wir dann die Gruppe oftmals trennen, weil es zu starken Auseinandersetzungen kam – vielleicht bedingt durch mehr Platz und eine generell andere Situation.

Das Gleiche kann auch nach der Vermittlung passieren: Im Tierheim zeigt sich der Hund gegenüber Artgenossen unkompliziert, aber nach der Vermittlung will er plötzlich nichts mehr von anderen Hunden wissen. Das kann sehr unterschiedliche Gründe haben und ist für einen Tierschutzverein leider nicht immer vorhersagbar.

Ob Einzelgänger oder in der Gruppen lebend: Sozialkontakte gehören zum Leben eines Straßenhundes dazu. Sozialkontakte heißt aber nicht nur, dass alle Hunde mit fröhlich liebender Hippiementalität über die Wiesen hüpfen, sondern beinhaltet auch agonistisches Verhalten (Kampfverhalten, Angriffs- und Abwehrverhalten sowie Flucht). Das heißt im Klartext: Es kann auch mal krachen. Ernstkämpfe mit gravierenden Verletzungen und regelrechtem Verbeißen habe ich auf meiner Reise nicht beobachten können, aber das kann man natürlich nicht ausschließen, vor allen Dingen nicht während einer Läufigkeit. Es ging also sehr fair zu und ich empfinde das Ausleben agonistischen Verhaltens als genauso wichtig wie das Ausleben soziopositiven Verhaltens.

Sozialkontakte zum Menschen

Straßenhunde suchen mitunter auch gezielt nach Sozialkontakt zum Menschen. Wie bereits erwähnt (ich wiederhole mich bewusst) sind eben nicht alle Hunde auf der Straße scheu oder verwildert.

Die Motivation, sich dem Menschen zu nähern, beruht dabei nicht nur auf der Hoffnung auf Futter. Nicht selten habe ich es erlebt, dass Hunde nach kurzer Ansprache und Zuneigung meinerseits durch Streicheln sehr anhänglich wurden und danach immer wieder freudig auf mich zukamen. Manchmal nehmen Streuner nur Kontakt zu Menschen auf, die sie kennen, sprich die wie eben beschrieben positive Erfahrungen mit dem Menschen gemacht haben. Natürlich spielt Futter auch mal eine Rolle.

Diese Hündin verhielt sich erst sehr zurückhaltend uns gegenüber. Nach dem ersten Körperkontakt wurde sie richtig frech und wich uns nicht mehr von der Seite. Als wäre es unsere Hündin, wartete sie, bis Nicole mit dem Toilettengang fertig war. In manchen Fällen bauen sich richtige Beziehungen auf oder Hunde finden so einen Platz, an dem sie geduldet werden.

Canon

WC

Jagen

Das Jagen, um Beute zu machen und sich von dieser zu ernähren, wurde für Straßenhunde bisher kaum dokumentiert. Dass Hunde sich tatsächlich nur von der Jagd ernähren müssen, kann man so ziemlich ausschließen. Ich wage zu behaupten, dass auch die wenigsten Hunde das tatsächlich über einen längeren Zeitraum hinbekommen würden. Sicherlich, das ein oder andere Beutetier würden sie erwischen, aber nicht genug, um den Energiehaushalt langfristig abzudecken. Aber dies ist meine persönliche Meinung und sicherlich ein Thema, über das man diskutieren könnte.

Oft habe ich Straßenhunde gesehen, die Autos jagten, wenn sie auch nicht jedem Auto bis zum Umfallen hinterher hetzen.

Stellt sich nur die Frage, warum es so viele Auslandshunde in Deutschland gibt, die eine auffällig hohe Disposition zum Jagen haben. Dafür könnte es verschiedene Erklärungen geben.

Erstens: Ist es wirklich so, dass die Hunde aus dem Ausland gerne jagen, oder fällt es uns eher auf, weil man immer irgendein unerwünschtes Verhalten beim Auslandshund sucht? Ich kenne reichlich Hunde aus dem Ausland, die überhaupt kein Interesse am Jagen haben.

Zweitens: Bei reinrassigen Jagdhunden oder vom Phänotyp klar ersichtlichen Jagdhundmischlingen ist es selbstredend, warum der Hund gerne jagt. Da die Jagdhunde und deren Mischlinge in den jeweiligen Ländern sehr stark vertreten sind, gibt es sicherlich auch Mischlinge, die nicht

Das Beutefangverhalten besteht aus mehreren Sequenzen: Anschleichen, Fixieren und Anspringen – das Packen der »Beute« entfällt in diesem Fall, zum Vorteil des Hundes. Im Gegensatz zum territorialen Verbellen wird beim jagdlich motivierten Verfolgen des Autos nicht gebellt.

Hier geht es eher darum, den Eindringling zu verbellen. Dass Hunde Spaß daran haben, ist klar, schließlich haben gerade Herdenschutzhunde eine genetische Disposition hierzu und letztlich mit dem Verbellen Erfolg. Dass das Auto auch ohne Verbellen weiterfahren würde, interessiert den Hund nicht. Das ist der typische Postboteneffekt: Postbote kommt, Hund bellt, Postbote verschwindet (nachdem er die Post eingeworfen hat) und der Hund kann sich etwas darauf einbilden, er hatte Erfolg.

unbedingt nach Jagdhund aussehen, aber in ihrem Stammbaum Vertreter dieser Rassen haben.

Drittens steckt in jedem Hund ein Jäger, der eine mehr, der andere weniger, und natürlich muss man unterscheiden zwischen Gelegenheitsjägern und den Profijägern mit Absicht auf Beute. Die meisten unserer Hunde sind eher Gelegenheitsjäger.

Der vierte Punkt ist meine persönliche Theorie, über die man sicher ebenfalls diskutieren kann, aber ich glaube, dass Straßenhunde deshalb weniger Wild oder Haustiere jagen, weil sie genug zu tun haben und eigentlich auch ziemlich ausgelastet sind. Außerdem ist es ein Unterschied, ob er jederzeit jagen könnte oder ob er nur gelegentlich die Möglichkeit zur Jagd bekommt.

Ein Reiz wird wesentlich interessanter, je seltener er ist. Ich glaube, dass viele ehemalige Streuner nach der Vermittlung das Jagen wieder für sich entdecken, weil es ihnen schlicht und einfach zu langweilig im Haus ist. Sie kompensieren damit die aufgestaute Energie.

Dass das Jagen bei Straßenhunden gar nicht vorkommt, kann man auch nicht sagen, allerdings ist es seltener auf Beutetiere als vielmehr auf Autos bezogen.

Das nach Lust und Laune stattfindende Autojagen ist meines Erachtens einfach ein Hobby, für das nicht nur die jagdliche Disposition verantwortlich ist, sondern das auch einen gewissen territorialen Charakter hat. Es scheint mir so, als dass es eine Mischung aus Jagen und Verbellen ist.

Territoriales Verbellen eines Autos. In diesem Fall bremst das Auto kurzzeitig ab.
Der griechische Straßenhund bremst ebenfalls ab, nimmt aber dann beim Anfahren des Autos die Verfolgung wieder auf.

Nachdem sich diese Katze selbstbewusst den Hunden gestellt hat, ist das jagdliche Interesse schon verschwunden und alle Hunde tun so unbeteiligt wie möglich.

Auch Streuner können mit Katzen zusammenleben oder wachsen mit ihnen auf.

Läufigkeit

Die Läufigkeit ist eine sehr außergewöhnliche Zeit. Alles ist anders, sowohl für die Rüden als auch für die Weibchen. Zwei Mal im Jahr für etwa acht bis zehn Tage ist rund um die Standhitze für die läufige Hündin und die unkastrierten Rüden Ausnahmezustand. Das heißt die Tiere sind wesentlich aktiver, die Ruhephasen verkürzen sich erheblich, die Nahrungsaufnahme findet nur noch sporadisch statt, teilweise verzichten die Hunde auch ganz darauf. Das eigentliche Kernrevier wird dann gerne

Hier handelt es sich meiner Meinung nach nicht um eine geschlossene Gruppe, sondern um eine durch die Läufigkeit entstandene Gruppierung fremder Hunde. Dafür spricht, dass die Gruppe aus kleinen und großen Hunden besteht. Dass es hier um eine läufige Hündin geht, ist daran zu erkennen, dass die Hunde geschlossen aktiv sind. Die Schwellung der Scham bei der Schäferhundmixhündin ist klar erkennbar, genauso wie die Konzentration des kleinen Dackelmixes auf das Objekt der Begierde.

Durchsetzungskraft hat nichts mit der Größe zu tun. Noch darf der Kleine ran und die Großen halten Abstand. Allerdings kann es auch bedeuten, dass ein anderer, erfahrender Rüde, sich die Energie einteilt und sich erst dann durchsetzt, wenn das Weibchen auch tatsächlich in der Stehphase (Deckbereitschaft) ist.

verlassen und der Aktionsradius kann sich auf das Sechsfache vergrößern. Immer wieder laufen die Hunde hektisch und aufgeregt hinter der läufigen Hündin her. Zwischendurch kommt es immer wieder zu kleinen Pausen, in denen immer wieder Annäherungsversuche, Werbeverhalten und Aufreitversuche stattfinden. Nicht selten kommt es von Seiten der Hündin zum Abschnappen gegenüber aufdringlichen Rüden.

Eine Gruppe während der Läufigkeit zu verfolgen, ist aufgrund des vorgelegten Tempos recht schwierig. Sie durchstreift unterschiedliche Gebiete, in denen sich immer mehr Hunde anschließen.

Die aktive Phase der Läufigkeit bringt erhebliche Nachteile mit sich. Immer wieder kommt es zwischen den Rüden zu aggressiven Verhaltensweisen, bei denen auch schwere Bissverletzungen entstehen können. Durch die starke Ablenkung achten die Hunde nicht auf den Straßenverkehr und können – blind vor Liebe – von Autos erfasst werden.

Aktive Gruppen in bewohntem Gebiet sind sehr auffällig und machen nicht unbedingt eine gute Öffentlichkeitswerbung für sich. Durch die Läufigkeit kommt es zu Streitereien und allgemeine Hektik. Für Menschen, die Angst vor Hunden haben, ist eine aufgebrachte und aktive Hundegruppe wesentlich bedrohlicher als ein einzelner und ruhig umherlaufender Hund. Diese Gründe sind gute Argumente für das Kastrieren von Streunern.

Inmitten von Touristen tummelt sich eine sehr aktive Gruppe. Leider konnte ich den genauen Grund für die Hektik nicht ausmachen. Ich vermute, dass hier eine Hündin kurz vor der Läufigkeit mit im Spiel war. Die Gruppe sorgte mit ihrem aktiven Verhalten für viel Aufmerksamkeit.

Es kam auch zu Streitereien unter den Hunden, sodass die meisten Menschen einen großen Bogen um die Gruppe machten.

Welpenaufzucht

Während sich bei Wölfen die ganze Familie um die Welpenaufzucht und Versorgung kümmert, steht bei den Hunden die Mutter ziemlich alleine da. In der Regel distanziert sich die gedeckte Hündin vom eigentlichen Kernrevier, um einen geeigneten Platz zum Werfen zu suchen. Das Höhlenbauen ist immer noch Teil des normalen Verhaltens. Das Futter für sich und die Welpen muss sie alleine aufbringen. Erst später, wenn die Welpen auch selbstständig die Höhle verlassen und sie mit circa zehn bis vierzehn Wochen in die Gruppe integriert werden, zeigen auch alle anderen Gruppenmitglieder Interesse am Nachwuchs. Während der Tragzeit, dem Gebären und der Aufzucht verbraucht die Mutterhündin sehr viel Energie. Die Wahrscheinlichkeit, dass die Welpen durchkommen, ist sehr gering. «Sie pflanzen sich kaum erfolgreich fort, sondern ihre Zahl wird bloß immer wieder aus dem Reservoir der vom Mensch gehaltenen Hunde ergänzt«[23].

Der Alltag von Straßenhunden ist nicht allein durch einen ständigen Überlebenskampf geprägt. Neben den negativen Ereignissen wie Hunger, Krankheiten, Misshandlung und Kälte gibt es auch sehr viele positive Situationen, die dauerhaft anhalten können.

Auffällig war, dass ich auf meiner Reise wesentlich mehr Positives als Negatives gesehen habe. Bei Gesprächen mit Hundeliebhabern und Anwohnern gab es auch immer wieder Berichte, dass entsprechende Hunde seit mehreren Jahren vor Ort seien und auch dauerhaft versorgt würden.

Laut unterschiedlichen Studien haben die Welpen eine sehr hohe Sterblichkeitsrate. Je nach Studiengebiet erreichten nur 5 bis 22 Prozent aller Welpen das Alter von einem Jahr.[24] Das heißt, dass Kastrationsaktionen von Straßenhunden alleine die Überpopulation nicht senken. Trotzdem gibt es die zum Thema Läufigkeit beschriebenen Argumente. Ein weiteres Argument für die Kastration von Streunern ist für mich auch, dass man Hündinnen diese energieraubende Zeit und vielleicht auch den Frust, immer wieder Welpen zu verlieren, ersparen kann.

Nur wenige der auf der Straße geborenen Welpen überleben.

Hundegeschichten

Die Hunde vom Vesuv

Eher per Zufall fanden wir den Weg auf den Vesuv. Bereits auf achthundert Metern Höhe waren die Straßen im März halb verschneit, halb mit Eis bedeckt. Wenn ich nicht von einer Bekannten gehört hätte, dass sie zwei Jahre zuvor Hunde auf dem Vulkan gesehen hätte, wäre ich aus Sicherheitsgründen umgedreht.

Meine Freundin und ich fuhren weiter, etwas im Unglauben, dass dort oben tatsächlich Hunde sein sollen. Auf tausend Metern Höhe endlich der Parkplatz. Es war sieben Uhr morgens, kein Mensch in Sicht, die Verkaufsbuden geschlossen und verrammelt, alles verschneit.

Und tatsächlich, mitten in dieser herrlichen Einöde kamen uns völlig freundlich und schwanzwedelnd drei Hunde entgegen, die munter und in einem körperlich guten Zustand waren.

Einer sah schon älter aus, seine Augen verbargen sich hinter zugekniffenen Lidern. Jedes Mal, wenn ich in die Hocke ging, um die Hunde zu fotografieren, kamen zwei von ihnen auf mich zu, während einer etwas zurückhaltend auf Abstand blieb. Ich musste meine Freundin mal wieder vom Knuddeln abhalten, auch wenn die Hunde es sicher genossen hätten. Sie waren offensichtlich alles andere als wild oder scheu gegenüber dem Menschen. Ich wollte sie so wenig wie möglich beeinflussen, um ihr Leben auf dem Vesuv so neutral wie möglich zu dokumentieren.

Die Hunde vom Vesuv waren durchaus freundlich und dem Menschen zugetan.

Also ignorierten wir die Hunde und schauten uns weiter auf dem Parkplatz um. Wir spekulierten, wie sie hier oben wohl überleben konnten. Sie würden sich sicherlich nicht selbst versorgen, indem sie jagen gehen. Es gab überall in Italien Müll mit Essensresten, aber nicht auf dem Vesuv. Im Sommer ist hier sicherlich viel los, aber allem Anschein nach würde niemand sich die Mühe machen, im Winter hier hoch zu fahren, um die Hunde zu versorgen.

Die drei begleiteten uns beim Erkunden des Parkplatzes. Unter einer Hütte fanden wir schließlich einen Höhleneingang. Dank des Trampelpfades und der vielen Hundehaare konnte man leicht erkennen, dass sie diese als Unterkunft benutzen.

Nach einer halben Stunde liefen die beiden jüngeren relativ schnell die Straße bergab. Würden sie sich Futter im Tal holen? Ich versuchte, sie zu verfolgen, sie waren aber zu schnell. Der Ältere blieb auf dem Parkplatz zurück und schaute andauernd in die Richtung, in die die beiden anderen verschwunden waren.

Früher wäre er sicherlich mitgegangen, aber mittlerweile verbot es ihm das Alter. Wir frühstückten in

Der ältere der drei Vesuv-Hunde blieb auf dem Parkplatz zurück und schaute den anderen nach, die sich auf den Weg ins Tal gemacht hatten.

unserem Wohnmobil und warteten. Wieder musste ich meine Freundin vom Knuddeln des Zurückgebliebenen abhalten.

Auf einmal kam ein Auto den Berg hochgefahren, eine italienische Familie stieg aus und veranstaltete eine Schneeballschlacht. Es kam also doch jemand auch zu dieser Jahreszeit hoch. Der alte Hund ignorierte sie und schaute weiter unruhig in Richtung Tal.

Gut eine Stunde später kamen die beiden Hunde fröhlich und ausgelastet wieder auf den Parkplatz zurück. Futter hatten sie nicht mitgebracht, aber der Alte freute sich trotzdem. Ein wenig später kamen die nächsten Autos, einige davon gehörten Budenbesitzern, die ihre Läden öffneten. Die Hunde gingen freundlich und erwartungsvoll auf bestimmte Personen zu, die sie streichelten und sie auf typisch italienische Art wild gestikulierend ansprachen. Wahrscheinlich erzählten sie den Hunden etwas über den Schnee, der ja hier im Süden wirklich eine Besonderheit ist.

Schnell stellte sich heraus, dass hier oben tatsächlich jeden Tag etwas los war.

Im Gespräch mit den Budenbesitzern und Vulkanführern erfuhren wir, dass sie die Hunde jeden Tag fütterten. Sie hätten ihnen sogar Hütten gebaut, was die Nationalparkdirektion aber untersagte Die Touristen könnten sich daran stören, da Hundehütten nicht ins Gesamtbild passen würden.

Die Gruppe der drei bestand aus einem kastrierten Weibchen und zwei Rüden. Darüber, woher sie ursprünglich gekommen waren, gab es unterschiedliche Meinungen. Ein Vulkanführer erzählte, der Schäferhund käme aus Berlin, ein Tourist mit Wohnmobil und Berliner Kennzeichen habe ihn ausgesetzt. Na, ob das mal so stimmte? Zumindest hieß er Fritz – wie auch sonst?

Der Ältere hieß Bobba und war seit über sechs Jahren da, die Hündin wurde Stella gerufen.

Mittlerweile war es Mittag und der Parkplatz war voller Touristen.

Die Hunde vom Vesuv gingen freundlich und erwartungsvoll auf bestimmte Personen zu.

Fritz und Stella gingen jeden Tag mit den Guides um den Vulkan spazieren, als wären es die eigenen Hunde.

Wir trauten unseren Augen nicht, als ein typisch italienischer Verkaufsstand mit dem üblichen Souvenirs der Umgebung öffnete. Zig Busse mit Schulklassen und Touristen parkten dort. Was für ein Kontrast! Ein paar Stunden zuvor hatten wir uns noch gefragt, wie die Tiere hier überleben können. Wir waren sehr beruhigt. Niemand fühlte sich durch die Hunde gestört, im Gegenteil, sie wurden mindestens genauso oft fotografiert wie der Vulkan. Fing ein Besucher an, die Hunde zu streicheln, bildete sich eine Menschentraube um sie.

Die Budenbesitzer und Vulkanführer fütterten die Hunde jeden Tag auf eigene Initiative.

Dann kam ich mit einer Touristenführerin ins Gespräch, die im Tierschutz aktiv war und die Hündin kastrieren lassen hatte. Auch sie konnte nur sagen, dass die Hunde irgendwann einfach da gewesen waren, woher sie kamen, wusste auch sie nicht. Als ich sie fragte, ob die Hunde Besitzer hätten, sagten sie: »Ja, die gehören uns allen!«

Die drei Vesuv-Hunde genießen die Aufmerksamkeit der Touristen.

Die Pompeji-Hunde

Dass Straßenhunde nicht immer scheu oder ängstlich gegenüber dem Menschen sind und sich ihnen auch anschließen können, zeigte mir sehr eindrucksvoll eine kleine Gruppe von Hunden in der Nähe der berühmten Vulkanstadt Pompeji.

Tausende von Touristengruppen und Schulklassen besuchen Tag für Tag diesen historischen Ort. Am Eingang, an dem die Busse gruppenweise die Touristen absetzen, warteten geduldig vier bis fünf Hunde auf die Besucher. Ich schreibe bewusst »vier bis fünf Hunde«, da die Gruppe nicht immer geschlossen

Die Hunde von Pompeji warteten gezielt auf die Touristen und spulten dann ein richtiges Showprogramm ab, um Aufmerksamkeit zu erlangen.

und vollständig vor Ort war. Sobald die ersten Touristen kamen, schlossen sich die Hunde den Gruppen an und zogen ihre: »Ich bin ein sehr trauriger, verhungernder, aber süßer Straßenhund«-Show ab.

Interessant war, dass die Hunde sich hauptsächlich Kindergruppen anschlossen: Wahrscheinlich hatten sie bei ihnen erfahrungsgemäß mehr Erfolg, etwas Essbares zu ergattern. Dass diese Taktik sehr gut funktionierte, sah man dem einen oder anderen Hund durchaus an. Von halb verhungernden Straßenhunden, die sich jeden Tag Futter hart erkämpfen müssen, keine Spur! Einer von ihnen war sogar etwas pummelig.

Das gesamte Gelände der Ausgrabungen ist gut umzäunt und es muss Eintritt bezahlt werden. Für die Kassierer wäre es kein Problem, die Streuner am Zugang in die 79 nach Christus von Vulkanasche verschüttete Stadt zu hindern. Sie tun es aber nicht, niemand stört sich an ihnen. So begleiten die Hunde einfach die Besucher und bekommen immer wieder Aufmerksamkeit und positive Ansprache.

Ich wage zu behaupten, dass diese Aufmerksamkeit ihnen genauso gut gefällt wie unseren Haushunden. Natürlich geht es ihnen hauptsächlich darum, Futter abzustauben. Wenn es vorkam, dass eine Zeitlang nichts zu fressen anfiel, wechselten sie gelegentlich auch die Touristengruppen. Sie sind eben auch Opportunisten.

Sehr selten zu sehen und daher bemerkenswert war, dass in Pompeji eine kleine Hündin unterwegs war, die sich den mittelgroßen bis großen Hunden angeschlossen hatte. Sie hatte eine sehr enge Bindung zu dem großen Schäferhundmix und orientierte sich stark an ihm. Kleine Hunde sind ja, wie schon früher beschrieben, kaum auf der Straße zu sehen.

Da ein Hund zusätzlich ein Halsband trug und diese Gruppe eine sehr lose Verbindung war, die sich nur ein Gebiet (den Busparkplatz) teilte, könnte man vermuten, dass es sich hier um freilaufende Besitzerhunde handelte. Leider konnte mir niemand eine genaue Auskunft über die Hunde geben. Ich selbst beobachtete sie von Sonnenaufgang bis -untergang in diesem Gebiet und glaube, dass sie keine Besitzer haben.

Die Hunde begleiten die Touristengruppen ungehindert ins Ausgrabungsgelände und bekommen viel Aufmerksamkeit.

Die Waldhunde von Istanbul

In der Stadt Beykoz bei Istanbul gibt es einen Wald, in diesem Wald ein Tierheim und rund um dieses herum Straßenhunde.

Soweit nichts Außergewöhnliches. Dass Hunde in der Nähe eines Tierheims ausgesetzt werden oder vom Tierheim selbst herausgelassen werden, ist fast schon die Regel. Diese Regel wird aber von der Menge der Hunde um dieses Tierheim gebrochen. Niemand weiß, wie viele es wirklich sind. Schätzungen gehen von eintausend bis zweitausend Hunden aus, die hier im Wald leben!

Vor Ort gibt es einige Tierschützer, die sich um die Hunde kümmern. Einer von ihnen sagte, die große Menge der Hunde im Wald rühre daher, dass ein Veterinär das türkische Tierschutzgesetz absichtlich falsch interpretiert habe. Laut diesem Gesetz müssen die Tiere an Ort und Stelle kastriert und wieder ausgesetzt werden. Der Veterinär »dachte«, die Tiere sollten in ein möglichst naturnahes Gebiet ausgesetzt werden. Der eigentliche Grund war sicherlich, die Hunde aus der

Stadt fernzuhalten. Tatsächlich sind die meisten der Streuner kastriert und mit der typischen Ohrmarke gekennzeichnet.

Andere Tierschützer sagten, dass in diesem Wald immer wieder Hunde von Menschen ausgesetzt würden. Mittlerweile dürfte wohl beides zutreffen. Wenige Tage, bevor ich zum ersten Mal vor Ort war, wurden vier Welpen im Alter von etwa neun Wochen dort ausgesetzt.

Vor Ort haben sich Tierschützer zu einem Netzwerk zusammengefunden, das Hunderte von Schutzhütten gebaut hat und die Hunde täglich füttert, zum Teil mit Futter aus dem Tierheim, zum Teil mit selbst und aus Spenden finanziertem Futter. Bei lebensbedrohlichen Krankheiten versucht man, die Hunde tierärztlich zu versorgen. Viele dieser Freiwilligen haben auch einigen ehemaligen Waldhunden ein Zuhause geschenkt.

Die Fütterung ist das Highlight des Tages: Die Tierschützer fahren hupend die Straße entlang, woraufhin Hunderte von Hunden aus dem Wald kommen und den Autos zu den Futterstellen nachlaufen. Etwas Vergleichbares habe ich noch nie und nirgends gesehen. Es ist geradezu ein Wunder, dass es dabei kaum ernsthafte Streitereien gibt.

Entlang dieser Straße im Wald bei Beykoz tummeln sich im Abstand von je etwa zweihundert Metern mehrere Straßenhunde-Gruppen.

Ein Netzwerk von Tierschützern hat Hunderte von Schutzhütten gebaut und füttert die Hunde, sodass sie jeden Tag etwas zu fressen bekommen.

Die Fütterung der Waldhunde ist das Highlight des Tages.

Alle Tierschützer empfingen mich im Wald sehr freundlich und ich bekam viele Informationen. Zwei der türkischen Tierschützerinnen waren ehrenamtliche Helfer des staatlichen Tierheims, in dem es rund 300 Hunde gibt. Das Tierheim machte von außen einen guten Eindruck und die Tatsache, dass dort Ehrenamtliche tätig sein dürfen, spricht für seine Betreiber. Die Helferinnen erzählten mir, dass sie für die Welpen eine der vielen aus Paletten konstruierten Hütten so umgebaut hätten, dass zwar die Welpen hereinkämen, nicht aber die erwachsenen Tiere. Den Kleinen stand somit Welpenfutter und Wasser zur ständigen Verfügung.

Noch bevor ich sie darauf ansprechen konnte, sagten die Tierschützer, sie würden die Welpen noch ins Tierheim holen, allerdings erst, wenn sie zwei bis drei Wochen älter seien und das Immunsystem stabiler wäre. Die Wahrscheinlichkeit, dass sie im Tierheim an Parvovirose oder Staupe versterben würden, wäre leider sehr hoch.

Bis sie sie in das Tierheim brachten, gingen die Tierschützer bei jeder Fütterung hin und beschäftigten sich mit den Welpen. Regelmäßig kam auch eine ältere Dame mit zwei Kindern dazu, die mit den Kleinen spielten. Die Welpen waren bereits entwurmt und entfloht worden. Ich fand diese Maßnahmen sehr professionell, und solange die Welpen eine Chance auf eine Sozialisierung haben und somit vermittelbar sind, sollten sie nicht in diesem Wald groß werden.

Die Zustände bei den Waldhunden von Istanbul sind trotz der Bemühungen der Tierschützer nicht mit denen der Pizzahunde in der Toskana vergleichbar. Es sind einfach zu viele. Das Leben der Hunde in diesem Wald ist nicht so abwechslungsreich wie in anderen Beispielen und eine feste Gruppenstruktur ist kaum erkennbar. Es gibt nicht viele Interaktionen, Spielen kommt zum Beispiel sehr selten vor. Es scheint so, als würden die Hunde den ganzen Tag auf die Tierschützer warten. Durch die hohe Populationsdichte ist der Infektionsdruck sehr hoch und Krankheiten verbreiten sich schnell. Viele Hunde sind an Räude erkrankt. Die Anzahl der Hunde ist enorm. Trotz massiver Kastrationsmaßnahmen in und um Istanbul gibt es überall Hunde.

Selbst in dem Dorf, das vor dem eigentlichen Wald auf der etwa acht Kilometer langen Strecke zum Wald hinauf liegt, tummelt sich eine Vielzahl an Streunern. Wie soll man ein solches Problem lösen? Ehrlich gesagt weiß ich hierauf keine Antwort. In Istanbul soll es nach Aussage einer Tierschützerin rund 150.000 Straßenhunde geben – woher diese Zahl stammt, kann allerdings niemand sagen. In der offiziell 13 und inoffiziell 18 Millionen Einwohner zählenden Stadt gibt es 18 Tierheime, davon sind 16 staatlich. Manche von ihnen beherbergen bis zu zweitausend Hunde. Die Vermittlungschancen in der Türkei liegen bei nur ein bis zwei Prozent.

Die Sarcoptes-Räude ist eine hochansteckende parasitäre Hauterkrankung, die durch die Räudemilbe Sarcoptes scabiei var. canis hervorgerufen wird. Sie verursacht Hautveränderungen und Juckreiz, die Hunde kratzen sich ständig und verlieren ihr Fell.

Buki

Die Hunde, die ich auf meinen Reisen sah und dokumentierte, haben von mir nie einen Namen bekommen. Buki war die Ausnahme, auch wenn der Name nicht sehr einfallsreich ist. Er leitet sich von seiner Heimatstadt Bukarest ab.

Buki war der erste Hund unseres Projektes, den meine Freundin und ich später als ausgesetzten Besitzerhund einschätzten. Bei unserer ersten Begegnung lief er uns auf der Straße entgegen. Er wäre wahrscheinlich an uns vorbeigelaufen, wenn wir uns nicht wie üblich hingekniet hätten, um ihn auf Augenhöhe zu fotografieren. Als er merkte, dass wir ihm in dieser für Hunde und Menschen ungewöhnlichen Körperstellung Beachtung schenkten, näherte er sich uns ganz langsam und vorsichtig. Ganz locker war er dabei nicht, und wenn wir, aus welchem Grund auch immer, eine hektische Bewegung gemacht hätten, wäre er wahrscheinlich wie ein Blitz vor uns geflohen.

Wir verhielten uns während der Annäherung ganz still, lediglich das Auslösen der Kamera war zu hören, bis meine Freundin nicht mehr anders konnte und dem Drang nachgab, das zu tun, was »Mensch« nun einmal macht, wenn man einem süßen Hund begegnet. Sie gab die typisch hellen und albernen Geräusche von sich, in der Absicht, ihn anzulocken. Es funktionierte: Er näherte sich weiterhin langsam, fast in Zeitlupe meiner Freundin – so lange, bis er in ihrem Schoß landete und sich durchkraulen ließ.

In solchen Situationen sagen wir als Tierpfleger immer gerne: »Die Milch schießt gerade ein.« Worin sogar etwas Wahrheit steckt, denn wissenschaftlich ausgedrückt wird beim Anblick niedlicher und hilfsbedürftiger Wesen das Hormon Prolaktin ausgeschüttet, welches Brutpflegeverhalten auslöst – und das nicht nur bei weiblichen Säugetieren. Tierschützer sagen an dieser Stelle lieber, dass der Hund sehr dankbar ist.

Buki näherte sich anfangs zögerlich, um sich dann begeistert durchkraulen zu lassen.

Bisher waren die Straßenhunde, die wir gesehen hatten, sehr zurückhaltend oder misstrauisch und blieben auf Abstand. Für uns war es die erste Erfahrung mit einem Streuner, der auf so ruhige und vorsichtige Art und Weise auf uns zukam. Wir konnten unsere Emotionen schwer verbergen. Er war einfach nur süß, weshalb er letztlich auch seinen Namen bekam.

Diese Details erwähne ich bewusst gefühlsbetont, weil ich einfach zeigen möchte, wie leicht man in die Versuchung kommt, einen Hund retten zu wollen. Und ganz ehrlich – wenn ich die Möglichkeit gehabt hätte, ihn ohne weiteres mit nach Deutschland zu nehmen, ich hätte es getan. Wenn man vor Ort ist und solch eine Erfahrung macht, ist es nicht mehr so leicht, die Vernunft walten zu lassen, was das Verhalten vieler Tierschützer vor Ort erklärt, die ständig diese Erfahrungen machen.

Bukis Lebensqualität war aber rein sachlich (also ohne den Einfluss von Prolaktin) gesehen gar nicht so schlecht. Er lebte mit einem anderen kastrierten Rüden in einem großen Park, direkt vor der ehemaligen Residenz Ceauşescus. Hier gingen viele Menschen mit ihren Hunden Gassi. Der Ernährungszustand war gut und der rund 14 Monate alte und unkastrierte Buki wirkte gesund, genau wie die anderen Streuner im Park, die zu diesem Zeitpunkt dort alle geduldet wurden.

Immer wieder kam es zu friedlichen Begegnungen zwischen den Streunern und Besitzerhunden. Dabei bekamen Buki und andere Streuner regelmäßig Streicheleinheiten von den Hundebesitzern und anderen Menschen. Wie bereits gesagt kann man nicht ausschließen, dass Buki auf der Straße geboren worden war und als Welpe Kontakt zu Menschen gehabt hatte. Da er allerdings mit einem kastrierten und markierten Rüden zusammen war, gehe ich davon aus, dass er später dazugekommen war. Es wäre kein Problem gewesen, ihn einzufangen und zu kastrieren. Ansonsten sagte mir meine Intuition ziemlich sicher, dass dieser Hund sich beim Menschen wohl fühlen würde. Tatsächlich dachte ich daran, ihn in ein mir bekanntes und rund 200 Kilometer von Bukarest entferntes Tierheim zu bringen, um ihn dann nach gültiger Impfung und Kennzeichnung nach Deutschland bringen zu lassen. Ich entschied mich dagegen.

Erstens ist dieses Tierheim bereits voll mit Hunden wie Buki und zweitens befand er sich nicht in einer Situation, die sofortigen Handlungsbedarf erfordert hätte: Er hatte hier im Park eine gute Lebensqualität. Trotzdem müssen wir heute noch oft an ihn denken. Immer wieder beschlich uns der Eindruck, dass er gerne ein richtiges Zuhause gehabt hätte und dass der Stress eines kurzen Tierheimaufenthaltes und des Transportes nach Deutschland gerechtfertigt gewesen wären. Später stellte sich heraus, dass ich auf den Straßen Süd- und Osteuropas noch Hunderte von Bukis kennen lernen sollte.

»Buki« und die anderen Streuner im Park vor Ceauşescus ehemaliger Residenz in Bukarest bekamen regelmäßig Streicheleinheiten.

Ein Straßenhund wird zum Security

Wieder einmal hielt ich mich in einem Park in der Nähe von Istanbul auf. Der Ort war perfekt, hier hatte ich einen Stellplatz für mein Wohnmobil. Der Park war eben und mit wenigen Bäumen bestückt, also gut überschaubar. Und natürlich gab es hier mehrere Gruppen von Straßenhunden.

Unter ihnen war auch ein ganz besonderer: Ein Einzelgänger, der sich dem Menschen angeschlossen hatte. Er war mir bereits aufgefallen, als ich die Sicherheitsbeamten, die (aus welchen Gründen auch immer) den Park bewachten, fragte, ob ich mit dem Wohnmobil über Nacht hier stehen bleiben könnte. Er war ein alter und gemütlicher Mastiff-Mix, die Ruhe selbst und wirkte nicht gerade wie ein ausgebildeter Wachhund. Wenn die Security im Wachhäuschen saß, döste der etwas überernährte Hund vor dem Häuschen und passte so gar nicht auf. Zu jeder vollen Stunde ging der Wachmann seine Runde und der Mastiff-Mix trottete völlig cool und gelassen hinter ihm her.

Dabei durchquerten die beiden die Bereiche einiger Straßenhundegruppen, ohne dass es zu einer Scheinattacke oder Alarmbellen kam. Bei anderen gruppenfremden Hunden, die ebenfalls in dem Gebiet lebten, kam dies durchaus einmal vor. Als ich den Wachmann zu dem Hund befragte, stellte sich heraus, dass der Rüde vor etwa fünf Jahren eines Tages einfach so vor dem Häuschen gelegen hätte, so, als wäre er immer schon da gewesen. Die Wachleute fütterten ihn, ließen ihn kastrieren und tierärztlich behandeln. Seitdem ist er der offizielle Wachhund.

Der Mastiff-Mix in diesem Park bei Istanbul hatte sich selbst einen Job als Security-Begleiter ausgesucht.

Der Sicherheitsmann erzählte ganz stolz, dass der Hund sogar schon einmal gebellt habe, als ein betrunkener Mann durch den Park lief. Während unseres Gesprächs versuchte er immer wieder, den Hund, der gerade im Schatten vor sich hin döste, per Pfiff zu sich zu rufen. Der Dicke reagiert nicht einmal mit einem Ohrenzucken.

Die Waldhunde von Teneriffa

Die Idee, Teneriffa zu besuchen, kam mir beim Betrachten einer Homepage, auf der Tierschutz mit dem Titel "Waldhunde von Teneriffa" beworben wurde. Außer der Information, dass rund um den Vulkan Teide zahlreiche Hunde ausgesetzt würden und in einem furchtbaren Zustand seien, war nichts weiter über die aktuelle Situation vor Ort zu lesen.

Ich dachte, dass sich die Situation vermutlich ähnlich zu derjenigen der toskanischen Pizzahunde darstellte und fragte per Mail bei den zuständigen Tierschützern nach. Die Informationen waren spärlich und ausgerechnet die Dame, die am meisten etwas über die Waldhunde auf ihrer Homepage hatte, wie zum Beispiel ein Bild mit einer Hundegruppe im Wald, antwortete gar nicht. Im Nachhinein denke ich, dass das Bild bereits sehr alt war.

Die Erfahrung, bei meinen Recherchen keine Antworten zu bekommen, musste ich übrigens immer wieder machen. Wahrscheinlich liegt es einfach daran, dass praktizierende Tierschützer in der Regel wenig Zeit haben. Ich habe aber auch feststellen müssen, dass sie nicht immer konkrete und objektive Aussagen zur Situation geben konnten oder wollten – vermutlich, weil sie mir gegenüber misstrauisch waren und befürchten, dass ich etwas schreiben könnte, was nicht ihren Vorstellungen entsprach.

Trotzdem flog ich mit meiner Freundin auf die Vulkaninsel. Mit einem Mietwagen und einem Zelt ausgestattet fuhren wir sofort in den 19.000 Hektar großen Nationalpark « Parque Nacional de las Cañadas del Teide«. Der Vulkan Teide liegt auf rund zweitausend Metern über dem Meeresspiegel. Nordöstlich des Teide gibt es einen Mischwald, in dem das Klima im Sommer im Gegensatz zu dem auf der reinen Vulkanlandschaft noch erträglich ist.

Der Nationalpark rund um den Teide wird jährlich von etwa 3,8 Millionen Touristen besucht. Leider ist der Park auch ein beliebter Ort, um Hunde auszusetzen. Den Besitzern ist es egal, was mit ihnen passiert, denn als Lebensraum für Hunde ist dieser Ort völlig ungeeignet.

Der Nationalpark rund um den Vulkan Teide auf Teneriffa ist als Lebensraum für Hunde nur sehr schlecht geeignet.

Es ist heiß und trocken, es gibt keine natürlichen Wasserstellen, messerscharfes Lavagestein wechselt sich mit einer schattenlosen Wüstenlandschaft ab und nur sporadisch gibt es sehr trockene Wälder mit sehr spärlichem Baumbestand. Die einzig wilden Säugetiere, die hier leben, sind vereinzelte Kaninchen, Ratten und Mäuse. Schilder mit den Umrissen eines typischen Jagdhundes, dem Podenco, weisen darauf hin, dass hier gejagt wird. Wie im gesamten Spanien auch werden die Podencos in Massen nachgezüchtet. Entsprechend voll sind die Tierheime.

Wir fuhren, hielten, wanderten, kletterten, aber keine Hunde in Sicht. Tagelang. Dann trafen wir Ute Lohbüscher und ihren Mann, die seit zwanzig Jahren das Tierheim Arche Noah auf Teneriffa betreiben. Nachdem wir das äußerst schöne und moderne Tierheim besichtigt haben (ich kenne Tierheime in Deutschland, die wesentlich schlechter aussehen), unterhielten

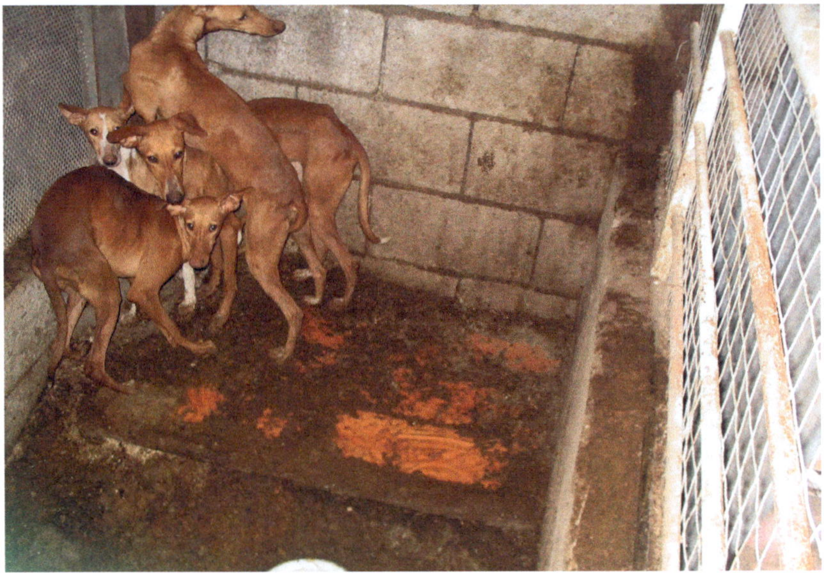

Ein nicht untypischer Verschlag eines Jägers auf Teneriffa. Unter Umständen verbringen die Hunde hier Monate ihres traurigen Lebens.

wir uns ausführlich über die Situation. Vor zwanzig Jahren hatte das Elend wesentlich schlimmer ausgesehen. Rund um den Teide gab es damals zahlreiche Hundegruppen und Einzelgänger, die allgemein in einem sehr schlechten Zustand, unterernährt und dehydriert waren. Durch das scharfe Vulkangestein hatten einige Hunde schwerwiegende Pfotenverletzungen, und immer wieder fanden Tierschützer angeschossene und angefahrene Tiere vor. Angesichts dieser Zustände entschlossen sich die Lohbüschers, die ursprünglich als Touristen die Insel besuchten, zu bleiben und den Tieren zu helfen.

Heute sind bei weitem nicht mehr so viele Hunde auf dem Teide zu finden – ein klarer Erfolg der Tierschützer. Aber jeder einzelne ist trotzdem noch einer zu viel! In dieser Gegend *Neuter and Release* zu fordern wäre völlig absurd. Spätestens im Winter müssten die Hunde schon im Topzustand sein, um dort überleben zu können. In dieser Höhe gibt es auch auf Teneriffa Minusgrade und Schneefall, weshalb die Zugangsstraßen des Teide gesperrt werden und für die Tierschützer nicht mehr passierbar sind. Die Hunde bleiben somit unversorgt. Unter ihnen sind sehr viele Podencos, die entweder ausgesetzt oder nach der Jagd dort zurückgelassen worden sind.

Einen Tag nach unserem ersten Besuch im Tierheim fand eine Mitarbeiterin eine ältere und sehr abgemagerte Podenca. Meistens lassen sich die Hunde hier erst dann einfangen, wenn sie keine Kraft mehr zum Flüchten haben, denn gerade die Podencos werden sehr schnell misstrauisch und scheu gegenüber Menschen.

Ich stellte mir oft die Frage, warum die Hunde nicht talabwärts laufen, wo sie bessere Bedingungen hätten (wenn es nicht die staatlichen Hundefänger geben würde). Hunde haben einen sehr guten Orientierungssinn, sie könnten locker innerhalb eines Tages in bewohntem Gebiet sein. Meine Theorie ist, dass die meisten Hunde an dem Platz bleiben, an dem sie ausgesetzt wurden. In diesem Fall interpretiere ich auch, dass die meisten Jagdhunde aufgrund ihrer meist sehr schlechten Unterbringung und Versorgung in Menschenhand keinen wirklichen Grund haben, den einzigen Ort zu verlassen, an dem sie frei agieren dürfen. Dass sie in diesem Park nur

Die beiden offensichtlich erst vor kurzem am Teide ausgesetzten Podencos liefen verwirrt umher und achteten nicht auf den Straßenverkehr.

für kurze Zeit überleben, fällt sicherlich nicht in ihre Kalkulation.

Insgesamt haben wir vier Hunde im Nationalpark gesehen, davon waren drei Podencos. Zwei von ihnen wurden offensichtlich vor kurzem frisch ausgesetzt, Sie liefen ziemlich verwirrt über die Straßen und achteten nicht auf den Verkehr. Sie waren kaum ansprechbar und ziemlich gestresst. Wir sahen sie nur einmal für rund zwei Minuten, dann waren sie verschwunden. Später erfuhren wir, dass das Weibchen eingefangen, der zweite Hund jedoch nie wieder gesehen wurde. Es war auch ein kleiner Mischling dabei, dem wir uns höchstens bis auf dreihundert Meter nähern konnten, bevor er das Weite suchte.

Auch wenn es längst nicht mehr so viele sind wie noch vor zwanzig Jahren gibt es hier nach wie vor Hunde, allerdings keine Streuner, sondern ausnahmslos ausgesetzte Besitzerhunde.

Teneriffa ist ein weiteres Beispiel dafür, dass das allgemeine Problem der Streuner nicht deren ungezügelter Vermehrung zu verdanken ist, sondern dass es das Ergebnis gewollter und ungewollter Zucht ist. Trotz vieler aktiver Tierschützer ist das Problem der ungewollten Hunde nicht gelöst, und dabei ist die Insel noch sehr übersichtlich. Würden Politiker und Veterinäre mit den Tierschützern zusammenarbeiten, wäre das Problem auf dieser kleinen Insel lösbar, ohne auf die »Mithilfe« der Tötungsstationen (Perreras) angewiesen zu sein.

Die Uni-Hunde von Griechenland

Die Universitäten in Griechenland sind nicht eingezäunt und für jedermann frei zugänglich. Da es dort jede Menge junge und tierliebe Menschen gibt, die regelmäßig Essen aus der Mensa übrig haben, gibt es auch entsprechend viele Straßenhunde auf dem Gelände.

Die ersten Unihunde traf ich in der Hafenstadt Igoumenitsa. Sie hielten sich nicht immer an der Uni auf, sondern versammelten sich dort hauptsächlich zu den Essenszeiten. Die Strandpromenade ist das Zentrum des Städtchens mit vielen Cafés und Restaurants. Hier verteilten sich die Hunde in kleinen Gruppen, die allerdings sehr lose organisiert waren und in denen jeder seinen Interessen nachging. Wie so oft zeigte sich, dass die Hunde die Nähe von Menschen bevorzugen.

Studenten füttern die Streuner mit Essensresten aus der Mensa. Pünktlich zur Mittagszeit versammeln sich die Hunde an der Uni.

Ein besonderes Ereignis gab es, als die Studenten eine kleine Demonstration gegen die Schließung einiger Unibereiche durchführten. Die Demo fand auch noch an einem Feiertag statt, das heißt die Promenade war voll mit Menschen, die mit lautstarken Marschmusikkapellen feierten, Studenten, die demonstrierten und Polizisten, die aufpassten. Einige der Straßenhunde waren mittendrin und störten sich nicht im Geringsten an diesem unüblichen Trubel.

Sie gerieten nicht in Panik und machten keine Anstalten, sich in ruhigere Teile der Stadt zurückzuziehen. Ganz im Gegenteil – ich wage sogar zu behaupten, dass sie die Abwechslung und die Aufmerksamkeit genossen.

Die Straßenhunde im griechischen Igoumenitsa störten sich nicht im Geringsten an einer lautstarken Studentendemonstration.

An einer anderen Universität in Ioannina tummelten sich rund 30 Straßenhunde auf dem 850 Hektar großen Gelände. Hier gab es einige Gruppen, von denen eine sehr scheu war und sich hauptsächlich auf einer großen Wiese mit viel Abstand zu den Studenten aufhielt. Diese Hunde waren kaum zu bemerken und bewegten sich sehr unauffällig auf dem größten Campus Griechenlands.

Außerdem gab es noch zwei kleine Gruppen von jeweils drei Hunden.

Zusätzlich gab es noch einige Einzelgänger, die immer wieder zwischen den Gruppen zu sehen

Eine Gruppe von rund acht Hunden bewegte sich auf dem Campus der Universität von Ioannina mitten im Geschehen.

Reichlich Futter bleibt übrig – das würde bei vielen deutschen Hunden nicht passieren.

waren und die ihre Aufenthaltsorte wechselten. Eine genaue Übersicht war deshalb nicht möglich, dazu kam, dass wir täglich neue Hunde sahen. Die meisten der Streuner waren vom örtlichen Tierheim kastriert und wieder ausgesetzt worden. Einige von ihnen waren von einer ehemaligen Professorin auf eigene Kosten kastriert worden und wurden täglich von ihr gefüttert. Es gab auch eine Studentenverbindung, die die Hunde ebenfalls fütterte und im Notfall auch zum Tierarzt brachte.

An diesem Ort lernte ich sehr viel schöne Situationen und interessante Menschen und Hunde kennen.

Die Hunde können sich auf dem ganzen Gelände frei bewegen, inklusive der Gebäude, in denen sie nachts schlafen.

Eine der fast unglaublichsten Geschichten meiner Reise spielte sich hier an dieser Uni ab:

Immer abends zum Abendbrot trafen sich einige der Hunde in der Mensa, um Futter abzustauben. Ein Hundeparadies, welches es in Deutschland so mit Sicherheit nicht geben würde. Es störte sich fast niemand daran, außer dem Chefkoch der Kantine. Der spielte jeden Abend das gleiche Spiel mit den Hunden und versuchte, sie rauszuschmeißen. Wirklich ernst nahm das aber niemand.

»Ups, erwischt!« Der Chefkoch jagt die Hunde raus. Diese Szene gab es sicherlich schon Hunderte Male. Der blonde Hund protestiert bellend.

Fünf Minuten später gehen die Hunde wieder in die Mensa. Studenten öffnen die Tür. Die zweite Tür muss nicht geöffnet werden, denn unten fehlt die Scheibe.

Die Hunde warten wieder auf die Würstchen, der Chefkoch merkt nichts, und Mutti freut sich.

Eigentlich lebten die Hunde hier mehr als ein normales Hundeleben:

Sie bellten die anderen Hunde der benachbarten Gruppen an.

Sie gingen – meist erfolglos – auf Mäusejagd.

Die Mäusejagd war eine der Lieblingsbeschäftigungen der Unihunde.

Sie jagten – immer erfolglos – Katzen.

Sie jagten gelegentlich auch mal Autos, bevorzugt große weiße.

Das Jagen großer weißer Autos schien ihnen ebenfalls Spaß zu machen.

Sie spielten auf der Wiese und hatten Sozialkontakte zu Menschen und Artgenossen.

Sie bekamen regelmäßig Futter und hatten einen warmen Unterschlupf im Winter. Das ist definitiv mehr Lebensqualität, als so manch ein Hund, den ich in Deutschland kennen gelernt habe, jemals hatte. Selbst wenn der Hund gut gehalten wird, kann er von dem Handlungsfreiraum, den die Unihunde genießen, nur träumen.

Es gab aber auch Studenten, die Angst vor den Hunden hatten. Sie wichen ihnen täglich aus und gingen andere Wege, um ihnen nicht zu begegnen. Für sie muss der Unibesuch ein Horror sein!

Manchmal kam es tatsächlich zu unangenehmen Situationen, bei denen sich ein Mensch bedroht fühlte. So konnte ich beobachten, dass ein Student alleine auf dem Weg zur Uni war. Auf einmal kamen drei Hunde um die Ecke geschossen und rannten bellend auf den Student zu. Dieser blieb völlig verunsichert stehen und wusste nicht, wie er reagieren sollte. Die Hunde blieben in zehn Metern Abstand stehen und bellten aufgeregt weiter in seine Richtung. Dass die Streuner die andere Hundegruppe meinten, die sich wiederum hundert Meter hinter ihm bewegte, bemerkte der Student nicht. Nach einer Minute löste sich alles auf.

Trotzdem reichen solche Erlebnisse aus, um Straßenhunden gegenüber abgeneigt zu sein. Das führt natürlich dazu, dass sich manche Studenten beim Präsidenten

Dieser Student fühlt sich bei all der Aufdringlichkeit nicht gerade wohl.

Aus irgendeinem Grund verbellt dieser Hund diverse Studenten. Das machte er öfter, aber ich konnte nie erkennen, warum. Es wirkte sehr willkürlich und schien so, als machte er es aus reiner Laune heraus. Es konnte nämlich auch so sein, dass er denselben Studenten zwei Stunden später nicht anbellte. Dennoch passierte nichts.

der Universität beschweren, dieser wendet sich an die Stadt, und die wiederum sagt: »Unser Tierheim ist voll«. Also gibt es keine Lösung des Problems.

Zwei engagierte Studentinnen, die mit dem Tierheim zusammenarbeiten, schilderten mir, wie sie einmal morgens zur Uni gekommen waren und zehn tote Hunde vorgefunden hatten, die sie einige Zeit lang betreut hatten. So endete das Traumleben einiger Hunde in einem Albtraum. Die letzte Vergiftungsaktion fand 2010 statt.

Wir mussten geradeaus, da wir uns in einer Einbahnstraße befanden. Warum ich all diese eigentlich uninteressanten Details erzähle? Weil ich es bis heute nicht fassen kann, welches Glück wir hatten, an diesem hochinteressanten Platz zu landen. Es war reiner Zufall – hätten wir nur eine Entscheidung anders getroffen, wären wir daran vorbei gefahren.

Wir fuhren also die Einbahnstraße hoch, um einen Park herum. Wir sahen ein paar Menschen mit Hunden, aber es waren zu viele Hunde und zu wenig Menschen. Dann sahen wir Hundehütten im Park, meine Sensoren schalteten auf Beobachtungsmodus und ich rief aufgeregt meiner am Steuer sitzenden Freundin zu »Fahr rechts ran, da sind Straßenhunde.«

Wir befanden uns 118 Kilometer nordöstlich von Rom in der kleinen Stadt L'Aquila und es waren die ersten Straßenhunde auf unserer insgesamt dreimonatigen Reise. Als ich neben dem Fotografieren Einheimische zu den Hunden befragte, stellte sich heraus, das viele von L'Aquilas Straßenhunden einmal ein Zuhause gehabt hatten.

Die Hunde von L'Aquila

»Kilometer fressen« heißt, dass man stur seine Kilometer abfährt, um an sein Ziel zu kommen. Da wir noch relativ weit nördlich in Italien waren und noch nicht mit Straßenhunden rechneten, missachteten wir die goldene Regel aller Wohnmobilisten, einen sicheren Stellplatz im Hellen zu suchen, sondern fuhren auch nach Einbruch der Dunkelheit weiter. Irgendwann hatten wir aber genug, verließen die Hauptstraße und kamen in eine Ortschaft. Nachdem wir ein Industriegebiet als nicht sicher genug einstuften, fuhren wir Richtung Ortszentrum, fanden einen Platz, schliefen, wachten auf, spannten den Keilriemen nach und fuhren weiter.

In dieser kleinen Stadt hatte es 2009 ein recht starkes Erdbeben gegeben, bei dem 309 Menschen verunglückten und 67 000 ihr Zuhause verloren. Zurück blieben zahlreiche Hunde und Katzen.

Die Stadt befindet sich noch immer im Aufbau, aber Hundehütten stehen für die besitzerlosen Hunde schon seit ein paar Jahren im Park. Die Hunde werden von den Stadtbewohnern versorgt und sind in einem guten Zustand.

Aufgrund ihrer Vergangenheit sind viele der Hunde sehr zugänglich. Man merkt, dass sie einmal ein Zuhause hatten. Die Einwohner akzeptieren sie nicht nur, sondern lieben sie, verwöhnen sie täglich mit Streicheleinheiten und geben ihnen sogar Namen.

Nach dem Erdbeben wurden die Hunde von verschiedenen Tierschutzorganisationen versorgt. Eine Tierschützerin erzählte, dass damals das ganze Stadtzentrum militärisch abgeriegelt worden sei. Die Hunde, die sich zu dem Zeitpunkt noch dort aufhielten, wurden von den Soldaten gefüttert.

Heute hatte sich eine Gruppe von rund zehn Hunden um den Stadtbrunnen versammelt. Niemand störte sich an ihnen, im Gegenteil, sie teilten mit den Menschen eine gemeinsame Vergangenheit, was man den Bewohnern anmerkte, wenn man mit ihnen über die Hunde sprach. In der ganzen Stadt gibt es hier und da kleine Gruppen von ehemaligen Besitzerhunden. In dieser Region sind tatsächlich kaum Straßenhunde anzutreffen, L'Aquila ist da eine Ausnahme.

Nach dem Erdbeben von 2009 blieben im italienischen L'Aquila zahlreiche heimatlose Hunde und Katzen zurück.

Die Einwohner von L'Aquila haben den herrenlosen Hunden im Park Schutzhütten errichtet.

Die Hunde werden von den Einheimischen versorgt und sind in einem guten Zustand. Unter den Hunden von L'Aquila gab es viele ältere, denen man anmerkte, dass sie früher ein Zuhause gehabt hatten.

Bei Recherchen im Internet zu den Hunden von L'Aquila stieß ich später auf einen Beitrag auf der Homepage eines abbruzzischen lokalen Fernsehsenders – einen Nachruf für einen der Erdbebenhunde, der nach einigen Jahren auf der Straße im hohen Alter verstorben war.

Chicco, einer der freien Hunde von L'Aquila ist tot

Chicco ist gegangen.

Er ist eingeschlafen und ruht endlich in Frieden, ohne weiter leiden zu müssen.

Fünfzehn Jahre lang hat er ein intensives und erfülltes Leben gelebt – mit all den Schwierigkeiten eines freien, geliebten Straßenhundes.

An seinem Lebensabend wurde er versorgt und gepflegt und von uns allen und seiner letzten Kameradin, der süßen Pecorella, gehätschelt.

Er hat diese Welt verlassen, ohne zu leiden.

Ciao Chicco, wir werden Dich immer so in Erinnerung behalten, frei und als Schutzpatron unserer Straßen …

Chicco war zusammen mit Pluto, Bianchina, Key und vielen anderen ein lebendes Denkmal unserer Stadt … er bleibt als Wächter unserer Geschichte und unserer Erinnerung zurück.

Ciao Chicco[25]

Die Lebensqualität der Straßenhunde, oder: Wie sieht die Alternative aus?

Anhand welcher Kriterien beurteilt man, ob es einem Hund gut geht oder ob er leidet? Danach, wo sich ein Hund befindet? Sicherlich nicht, denn ein Hund ist nirgends sicher vor Misshandlungen, weder auf der Straße noch in einem Tierheim oder in einem Zuhause.

»Die Tatsache, dass es in hoch entwickelten urbanen Gesellschaften kaum noch frei laufende Hunde gibt, muss keineswegs besagen, dass damit die höchst entwickelte Form des Zusammenlebens mit diesem Haustier erreicht ist. Im Gegenteil, in Gebieten, in denen die Tiere nicht permanent überwacht und in ihrer Bewegung eingeschränkt sind, bleibt auch eine gewisse Achtung der Verhaltensansprüche dieses Rudel- und Territoriumtieres gewahrt«.[26]

Neben der regelmäßigen Futter- und medizinischen Versorgung spielt auch das Ausleben natürlicher Bedürfnisse eine entscheidende Rolle: »Leiden werden besonders durch Einwirkungen verursacht, die der Wesensart, den Instinkten, den Selbst- und Arterhaltungstrieb des Tieres zuwiderlaufen und deshalb als lebensfeindlich empfunden werden. Leiden wird durch körperliche Einschränkungen verursacht, aber auch durch den Entzug einer natürlichen, artgemäßen Umgebung, durch das Fehlen von Nahrung und Wasser. Leiden können soziale Ursachen haben, etwa Isolierung oder auch zu hohe soziale Dichte; Krankheiten führen zu leiden, und schließlich lassen auch Schmerzen leiden«.[27]

Nur: Wo werden diese benötigten Bedürfnisse gedeckt? Innerhalb einer Familie? In der Regel sind unsere Haushunde gut versorgt, aber das Leben als Haushund ist auch sehr eingegrenzt.

In der Regel verbringt der Haushund zwanzig Stunden am Tag im Haus. Davon auch einige Stunden alleine, geht etwa zwei bis drei Stunden spazieren, wenn er Glück hat auch mal ohne Leine. Er darf nicht mehr wachsam sein und aufpassen, weil sich die Nachbarn beschweren könnten. Nach Mäusen graben darf er auch nicht überall und jagen ist eh nicht mehr drin. Wenn der Haushund bei bestimmten Hundetrainern landet, darf er nicht einmal mehr selbst entscheiden, wo er pinkelt.

Bei Hundebegegnungen, bei denen vielleicht einmal die Zähne gezeigt werden, versuchen Besitzer oder Außenstehende, die Kommunikation zwischen den Hunden panisch zu unterbrechen. Was hat das mit dem Ausleben natürlicher Bedürfnisse zu tun? Trotzdem – und zur allgemeinen Beruhigung – ist der Hund immer noch am besten beim Menschen untergebracht.

Dass wir den Hund als solchen in unsere Gesellschaft pressen können, verdanken wir ausschließlich seiner extremen Anpassungsfähigkeit. Dass diese aber auch Grenzen hat, zeigt sich daran, dass allerorts Hundeschulen wie Pilze aus dem Boden sprießen und stetigen Zulauf haben. Ich möchte damit lediglich aufzeigen, dass es auch negative Seiten des Haushundelebens gibt und Tierleid nie ganz ausgeschlossen werden kann, egal, wo sich das Tier befindet.

Ich habe Straßenhunde gesehen, die ihre natürlichen Bedürfnisse ausleben können, eben weil es keinen Menschen gibt, der sich ständig einmischt oder begrenzt. Und das ist letztlich auch der große Unterschied in der Lebensqualität zwischen Haushund und Straßenhund. Wie die Beispiele im Kapitel »Alltag eines Straßenhundes« zeigen, haben die Streuner viele Möglichkeiten, von denen unsere Haushunde im goldenen Käfig nur träumen können. Handlungsfreiraum, Handlungsfreiraum, Handlungsfreiraum. Alles, was sie tun, tun sie, weil sie sich dafür entschieden haben, sie dürfen selbst und aus freien Stücken heraus Entscheidungen treffen. Unsere Haushunde dürfen auch unter guten Umständen mit Artgenossen spielen, nach Mäusen buddeln, ohne Leine über Wiesen toben und Hund sein. Aber die Straßenhunde können das jederzeit tun, eben genau dann, wenn sie Lust dazu haben und nicht, wenn es Frauchen oder Herrchen gerade terminlich passt. Und das ist ein wesentlicher Vorteil des Streunerlebens, der nicht von der Hand zu weisen ist.

Dass das Leben als Streuner nicht immer so schlimm sein muss, zeigen auch die Zahlen meiner Reisen: Insgesamt habe ich 503 Hunde fotografiert. Gesehen habe ich natürlich viel mehr. Die Waldhunde von Beykoz sind nicht mitgezählt, da eine korrekte Zählung unmöglich war. Von den 503 dokumentierten Hunden waren acht (1,6 %) in einem schlechten Ernährungszustand, das heißt zu dünn oder sehr schlank. Hunde die sofort erlöst werden mussten, habe ich keinen einzigen gesehen. Hunde mit starken gesundheitlichen Auffälligkeiten, die lebensbedrohlich krank aussahen, habe ich nur einen (0,2 %) gesehen (leider scheiterten alle Einfangversuche, ich informierte das örtliche Tierheim). »Leichte« gesundheitliche Auffälligkeiten wie zum Beispiel Räude oder Humpeln habe ich bei neun (1,8 %) Streunern gesehen. Auf 3091 Kilometer Strecke (Berechnung der Strecke nur in Streunergebieten) habe ich acht tote Hunde (1,6 %) auf der Straße gesehen, von denen sechs wahrscheinlich durch einen Zusammenprall mit einem Auto umkamen. Somit waren 94,8 % aller Hunde, die ich gesehen habe in einem guten Zustand.

Bei diesem auch für mich unerwartet positivem Ergebnis muss ich natürlich erwähnen, dass es sich nicht um statistisch signifikante Zahlen handelt, die durch eine Langzeitstudie entstanden sind. Es ist lediglich das, was ich dokumentiert habe.

Natürlich bringt das Leben als Straßenhund auch erhebliche Nachteile mit sich und kann in anderen Situationen, an anderen Orten oder zu anderen Zeiten ganz andere Zahlen hervorbringen.

Ein Straßenhund erreicht äußerst selten ein hohes Alter. Der Autoverkehr kann eine Gefahr darstellen, genauso wie bei unseren frei laufenden Hauskatzen, trotzdem lassen wir sie raus. Der größte Nachteil ist die nicht ausreichende medizinische Versorgung. Auch wenn ich Menschen kennengelernt habe, die die Straßenhunde medizinisch versorgen, wie zum Beispiel in der Uni von Ioannina in Griechenland, ist dies sicherlich eher selten der Fall. Daher sterben viele Straßenhunde an leicht behandelbaren Krankheiten.

Letztlich kann das Versterben eines Straßenhundes äußerst hässlich und langwierig sein. Viele Hunde, denen es schlecht geht, verkriechen sich und bleiben ungesehen. Das ist vielleicht auch der Grund für meine eher positiven Zahlen, ändert aber nichts an der Tatsache, dass es ihnen auf der Straße auch gut gehen kann.

Eine medizinische Versorgung auf der Straße wie diese ist eher selten.

Es gibt natürlich auch die typischen Fälle, die man laut Facebook und Co. angeblich an jeder Ecke dieser Länder sehen kann. Ich habe sie nicht an jeder Ecke gesehen. Vergiftungsaktionen, angeschossene Hunde, Opfer von aus purem Spaß begangenen Misshandlungen wie zum Beispiel verbrannte oder verletzte Hunde, Hunde, die mit zugebundener Schnauze ausgesetzt oder mit Gegenständen vergewaltigt wurden: Diese grausamen Geschichten gibt es auch in Deutschland, und dass solche Meldungen aus dem Ausland vermehrt vorkommen, hat mehrere Gründe. Zum einen stürzen sich Tierschützer auf Horrorstorys wie Journalisten auf negative Nachrichten. Im Tierschutz ist immer vom Elend die Rede. Zum anderen stehen die Straßenhunde jederzeit »zur Verfügung«, sie sind da und gehören niemandem, also sind sie für jeden Missbrauch leicht zugänglich.

Der entscheidende Grund liegt meines Erachtens jedoch darin, dass es in diesen Ländern wesentlich mehr Hunde gibt als in Deutschland. Hätten wir in unserem Heimatland dieselbe Situation, hätten wir auch mehr Missbrauch.

Befinden sich die Hunde in einem von Tierschützern geleiteten Tierheim, sind sie in der Regel vor Misshandlungen geschützt. Ich habe mit Tierschützern gesprochen, denen dieser Grund alleine ausreichte,

Dieses Futter besteht hauptsächlich aus Fettresten und stellt nicht ansatzweise eine ausgewogene Ernährung dar.

Hygiene ist kaum einzuhalten und fördert nicht gerade den gesundheitlichen Zustand der Hunde. Das liegt zum einen daran, dass es zu viele Tiere und zu wenig Tierpfleger gibt und zum anderen an dem meist sehr schlechten baulichen Zustand der Anlagen.

Bezüglich der Sozialkontakte könnte man einwenden, dass die Hunde diese auch im Tierheim haben. Ja, das ist richtig, in den meisten Fällen werden sie in Gruppen gehalten. Die Gruppenzusammenstellung ist aber erzwungen und kann zu erheblichen psychischen Belastungen der Hunde führen. Immer wieder kommen tödliche Bissverletzungen in Tierheimen vor, auch in denen, die von Tierschützern geleitet werden.

Hunde jahrelang einzusperren – trotz der Möglichkeit zu »Neuter und Release.«

Und so kommen wir zur häufigsten Alternative zum Straßenhundleben – dem Tierheim. Die sozialen und territorialen Bedürfnisse eines Hundes können hier nicht ansatzweise erfüllt werden. Dafür bekommen sie regelmäßig Futter, medizinische Hilfe und im Notfall Sterbehilfe, eventuell haben sie Chancen auf eine Vermittlung. Bei den Positivpunkten gibt es allerdings auch ein großes ABER. Regelmäßig Futter heißt unter Umständen auch einfach nur Reste vom Restaurant oder der Kantine beziehungsweise Schlachtabfälle. Das hört sich erst mal gar nicht so schlecht an. Aber die Zusammensetzung ist teilweise katastrophal und völlig unausgewogen. Ich habe Hunde in Tierheimen gesehen, die halbe Paprikas ausgekotet haben und unterernährt waren.

Die medizinische Versorgung im Tierheim müsste nicht so häufig stattfinden, wenn die Hunde sich nicht ständig aufgrund der Enge und des Stresses zerbeißen würden. Tierheime im Ausland haben oft einen Bestand von mehreren hundert Hunden. Da verliert selbst der beste Tierpfleger den Überblick, was eine qualitativ gute medizinische Versorgung hemmt. Eine ausreichende

Zum Thema Vermittlungschance ist es so, dass in den jeweiligen Ländern vor Ort kaum vermittelt wird. Selbst wenn man zehnmal so viele Hunde nach Deutschland holen würde, würde es noch Abertausende im Ausland geben, die ihr Leben in Tierheimen verbringen müssten, deren Zustände nicht ansatzweise mit denen deutscher Tierheime vergleichbar sind.

Zur Beruhigung muss ich natürlich erwähnen, dass es auch sehr gute, geradezu vorbildliche Tierheime gibt, welche jedoch leider die Ausnahme darstellen. Mir geht es auch nicht darum, Tierheime schlecht zu machen. Ich möchte damit einfach nur sagen, dass ich in manchen Tierheimen mehr Elend gesehen habe als auf der Straße. In den staatlichen Tierheimen sogar weitaus schlimmere als die zuvor beschriebenen Umstände. Massenvernichtung durch Vergiftungen, Unterversorgung, verbrannte und totgeschlagene Tiere sind in diesem Fall keine Übertreibungen. Glück haben die Hunde, die von Tierschützern daraus gerettet werden.

Realistisch gesehen, haben die meisten Hunde im Ausland zwei Möglichkeiten zum Leben: Die eine ist, lebenslang im Tierheim zu sein, die andere, eine gewisse Zeit ihres Lebens auf der Straße zu verbringen.

»Hunde, die nicht auf Menschen geprägt sind und völlig verwildert in kleinen Gruppen leben, sollte man ihr Leben in Freiheit und ohne Besitzer lassen. Wenn sie nicht Gefahr laufen, Opfer von Hundefängern, Vergiftungsaktionen oder Tierquälern zu werden und auch ansonsten zurechtkommen, sollten sie weiterhin in Freiheit leben dürfen«.[28] Dieser Aussage der Fernsehmoderatorin und Autorin Claudia Ludwig, die schon viel im Auslandstierschutz tätig war, stimme ich voll zu.

Dieser Tierheimhund wurde wochenlang in der Gruppe gemobbt. Das Resultat war, dass er in diesem Spalt lebte und sich nur heraustraute, wenn die anderen Hunde schliefen.

Allerdings sind dies optimale Zustände, die wir selten antreffen, da es immer eine gewisse Gefahr gibt. Die Situation kann sich schlagartig ändern. So können sich die öffentliche Meinung und das Wohlwollen den Straßenhunden gegenüber schlagartig ändern, zum Beispiel dann, wenn ein Kind von Straßenhunden verletzt oder gar getötet wird. Die Frage, die wir uns stellen müssen, ist, ob das Leben auf der Straße trotz eventueller Gefahren eine Alternative zum Tierheim sein kann.

Tierheim oder Straße? Beides hat Vor- und Nachteile und ist im Einzelfall nicht immer eine leichte Entscheidung für Tierschützer.

Meine Aussage dazu ist ein ganz klares Ja – es gibt eine Lebensqualität auf der Straße, und die Hunde dort zu lassen ist unter Umständen die bessere Alternative als ihnen ein Leben im Tierheim zu »schenken«.

Welche Entscheidung man als Tierschützer vor Ort in Betracht zieht, muss individuell im Interesse des Tieres entschieden werden. Allerdings muss auch bedacht werden, dass es nicht immer die Möglichkeit zu *Neuter and Release* gibt.

Wenn es nach mir ginge, hätte jeder Hund ein schönes Zuhause, genau wie auch jedes Kind ein schönes Zuhause hätte. Leider sieht die Realität aber anders aus. Wir können nicht alle Straßenhunde nach Deutschland retten, aber wir können zumindest dafür sorgen, dass sie vor Ort ein bestmögliches Leben führen dürfen. Und das kann neben dem Tierheim auch das Leben auf der Straße sein.

Besitzerhunde

Leider ist es bei den Kritikern des Auslandhunde-Imports allgemeine Meinung, dass jeder Hund aus dem Ausland ein nicht mehr zu integrierender Straßenhund sei, der das Leben mit den Menschen nie kennengelernt habe und sich daher nie dem neuen Besitzer anschließen werde.

Das trifft in diesem behaupteten Umfang jedoch nicht zu, sondern stimmt lediglich in Bezug auf einen Teil der ausländischen Straßenhunde. Diese scheuen und nicht sozialisierten Straßenhunde sollten eher nicht nach Deutschland gebracht werden. Einfangen, kastrieren und wieder aussetzen ist, je nach Land und Möglichkeit, das Beste, was man mit diesen Tieren tun kann.

Aber nicht alle Hunde, die auf der Straße leben, sind auch zwangsläufig auf der Straße geboren worden und dort aufgewachsen. So gibt es eben auch unzählige ausgesetzte oder freilaufende Besitzerhunde, die je nach Land einen sehr großen Anteil ausmachen. Meiner Schätzung nach dürften über 70 % aller Auslandshunde, die jetzt in deutschen Haushalten leben, früher ein Zuhause beim Menschen gehabt haben.

Selbst bei den schwer zu integrierenden Hunden ist es oftmals so, dass sie in Menschenhand groß geworden sind, dann aber nicht unbedingt unter guten Bedingungen (siehe »Verschlagshunde«). Dass immer wieder Tiere nachkommen, trotz kleiner Wurfgrößen und hoher Sterberate der Welpen, zeigt doch, dass viele Hunde auf der Straße Besitzerhunde sind oder waren.

Das ist auch der Grund dafür, dass bei weitem nicht alle Hunde von der Straße ängstlich gegenüber dem Menschen sind. Ob ein ausgesetzter Hund mit dem Streunerleben zurechtkommt, ist ganz davon abhängig, wo er ausgesetzt wurde und wie sein Verhalten in der Öffentlichkeit ist.

Ich behaupte, dass es ehemalige Besitzerhunde gibt, die sich auf der Straße sehr wohl fühlen. Allerdings gibt es auch Gebiete, in denen ein Leben als Hund nicht möglich ist (siehe »Die Waldhunde von Teneriffa«).

Ausgesetzte Hunde

Immer wenn ich zutrauliche und somit vermutlich ausgesetzte Hunde auf der Straße traf und diese regelrecht in mich hineinkrochen, um Aufmerksamkeit zu bekommen, hätte ich gerne die Fähigkeit gehabt, mit ihnen zu kommunizieren und sie zu fragen: "Wollt ihr hierbleiben oder wollt ihr ein Zuhause mit Menschen teilen?"

Ich glaube, die Antwort wäre, dass sie gerne selbstständig auf der Straße unterwegs sind, es aber gut finden würden, wenn sie jederzeit auf ein richtiges Zuhause zurückgreifen könnten. Ganz klar: Hunde können auch ganz gut ohne den Besitzer zurechtkommen. Aber schon oft habe ich den Eindruck gehabt, dass 15.000 Jahre Domestikation nicht spurlos an der Mensch-Hund-Beziehung vorbeigegangen sind.

Natürlich sagt auch meine Erfahrung als Tierheimleiter, dass es möglich ist, mit Auslandshunden völlig beziehungsweise mal mehr, mal weniger unkompliziert in einem Haushalt zu leben. Bei der Vermittlung von Auslandshunden habe ich sehr viele gute Erfahrungen sammeln dürfen. Auch ausgesetzte Straßenhunde entscheiden sich ganz individuell, wie und mit wem sie die Zeit verbringen wollen. Das heißt, man sieht sie sowohl in Gruppen als auch alleine. Ob sie den Menschen meiden oder seine Nähe suchen, ist sehr unterschiedlich.

Es ist davon auszugehen, dass die meisten Straßenhunde beim Menschen geboren wurden. Wie sich ein Auslandshund im deutschen Haushalt benimmt und wie gut er integrierbar ist, hängt nicht allein damit zusammen, aus welchem Land er kommt, sondern wie lange er beim Menschen war und welche Erfahrungen er dort gemacht hat. Die Wahrscheinlichkeit, einen wirklichen Straßenhund, der auf der Straße geboren wurde und keinen Kontakt zum Menschen hatte, im deutschen Wohnzimmer zu haben, ist sehr gering. Das heißt jedoch nicht, dass alle Auslandshunde unproblematisch sind.

Das Leben als Straßenhund kann in bestimmten Situationen eine hohe Lebensqualität beinhalten, das heißt aber nicht, dass dieses Leben immer das Non plus Ultra ist und dem Import nach Deutschland immer vorzuziehen wäre.

Wenn Haushunde sich selbst überlassen werden, kann es zu dem Effekt kommen, dass sie nach dem Aussetzen trotz einer guten Sozialisierung mit dem Menschen ihm gegenüber scheu werden. Dies ist sicherlich abhängig davon, welches grundsätzliche Verhalten gegenüber dem Menschen im Hund steckt.

Unabhängig von der Sozialisierung gibt es auch Hunde, die Fremden gegenüber eher zurückhaltend oder unsicher sind. Wenn diese Tiere dann in eine für sie völlig ungewohnte Situation kommen, völlig alleine dastehen und keinen Orientierungspunkt haben, dann greifen sie auf ihr Grundwesen zurück, das beim vorherigen Besitzer nicht einmal deutlich zu erkennen gewesen sein muss.

In dieser Stress auslösenden Situation ziehen sie es erst einmal vor, Abstand von allem zu halten, was sich ihnen nähert.

Auf meiner Reise begegnete ich immer wieder Hunden auf der Straße, die nicht in das typische Bild des wilden Streuners passten. Viele von ihnen hatten sicherlich einmal einen Besitzer gehabt.

Während meiner Arbeit im Tierschutz kam es leider auch immer mal wieder vor, dass Hunde kurz nach der Vermittlung von ihrem neuen Zuhause ausbüxten. In fast allen Fällen kamen die Hunde nach ein paar Stunden wieder zurück. Bemerkenswert war dabei immer wieder, dass die Hunde sogar nach nur wenigen Tagen der Vermittlung wieder nach Hause gefunden haben. In ein paar Fällen jedoch, in denen wir einen Hinweis bekommen hatten, wo die Ausreißer sich aufhielten, war es schwierig, an sie heranzukommen, obwohl ich als Tierheimleiter, der auch immer in der Tierpflege mitarbeitete, einen guten Bezug zu den Tierheimhunden hatte.

Erst nach einer gewissen Zeit und meistens mit Hilfe eines anderen Hundes an einer sehr langen Schleppleine konnte ich die Ausreißer an mich heran locken. Wenn sie erst einmal auf zwei Meter Abstand waren machte es oft »Klick« und die Hunde freuten sich völlig losgelöst ganz nach dem Motto: »Ah, du bist es!«. Von da an kamen sie freudig zu mir und ich konnte sie wieder nach Hause bringen. Für einen völlig fremden Menschen ist dies aber fast unmöglich. Warum?

Ausgesetzte Hunde auf der Straße können aus sehr unterschiedlichen Haltungsformen kommen. Die Gründe, warum sie ausgesetzt werden, sind teilweise die gleichen wie in Deutschland: Sie sind finanzieller Art oder der Hund wird einfach lästig. Im Ausland kommt das „Aussortieren" von Gebrauchshunden aber sicherlich häufiger vor als bei uns.

Die Hunde halten erst einmal Sicherheitsabstand – sie lernen schnell, dass sie damit gut fahren, schließlich passiert ihnen nichts und darum bleiben Sie bei dieser Strategie. Je länger sie in dieser Situation bleiben, desto schwieriger wird es, sie einzufangen. So wird innerhalb kürzester Zeit aus einem zurückhaltenden Haushund ein wilder Streuner, von dem man den Eindruck hat, er wäre auf der Straße geboren.

Tierschützer auf Teneriffa erzählten mir, dass es, wenn sie die Hunde nicht so schnell wie möglich einfangen würden, bald unmöglich wäre, sie wiederzubekommen. Dann helfen nur noch Lebendfalle oder Narkosegewehr, was aber auch nicht in allen Fällen funktioniert. Diese Hunde zu resozialisieren ist weniger schwierig, sie fassen relativ schnell wieder Vertrauen zum Menschen. Aber auch bei nicht so gut sozialisierten Hunden hatten wir schon sehr positive Erfahrungen mit der Vermittlung gemacht. Oftmals sind auch sie dazu in der Lage, viel Verpasstes nachzuholen. Das ist natürlich begrenzt und nicht der Optimalfall, aber wir haben schon Hunde mit Verbesserung der Lebensqualität in den Hausstand eingeführt, die offensichtlich nicht oder schlecht auf den Menschen sozialisiert waren.

Ein schönes Beispiel dafür, dass eigentlich zutrauliche Hunde auf der Straße scheu werden können und dann doch noch das Vertrauen des Menschen wiedergewinnen, ist die Schäfermixhündin Bonnie, die ich auf Teneriffa kennenlernte.

Eineinhalb Jahre lang hatten Tierschützer versucht, sie einzufangen. Sie lebte auf der Straße und war sehr scheu. Nachdem sie sie einfangen konnten, normalisierte sich das Verhalten der Hündin gegenüber dem Menschen innerhalb weniger Tage, sie wurde wieder sehr zutraulich und hatte keine Ambitionen mehr, vor dem Menschen zu flüchten. Ganz im Gegenteil – sie genießt die Aufmerksamkeit sehr und fühlt sich beim Menschen wohl.

Egal ob scheu oder zugänglich, viele Hunde auf der Straße kommen von Besitzern und hatten auch Sozialkontakt zu diesen.

Bei den folgenden Haltungsformen beschreibe ich jeweils am Ende, wie sich die Art der Haltung auf das Verhalten auswirken kann. Dies sind aber nur Wahrscheinlichkeiten, die von Hund zu Hund variieren können. Die Verhaltensbeschreibungen betreffen das eventuelle Verhalten, welches kurz nach der Übernahme zu beobachten ist. Das kann sich je nach Umgang und Erziehung des Hundes auch mit der Zeit ändern.

Freilaufende Besitzerhunde

Unter freilaufenden Besitzerhunden verstehe ich Hunde, die einen Besitzer, sprich ein Zuhause haben, sich aber selbstständig vom Gelände entfernen können. Diese »Teilzeitstraßenhunde« haben aufgrund ihrer Möglichkeiten sicherlich vor Ort eine sehr gute Lebensqualität. Sie kommen nicht nur im dörflichen Umfeld vor, sondern auch sehr häufig im städtischen Bereich. Sehr viele davon habe ich in Bukarest gesehen.

Neben den Freiheiten, die diese Hunde genießen dürfen, beherbergt diese Art der Haltung das Risiko, dass sie von Hundefängern eingefangen werden können und somit in einer Tötungsstation oder einem staatlich finanzierten Tierheim landen. Dem Tierfänger ist es völlig egal, ob das Tier ein Zuhause hat. Ihm geht es darum, pro eingefangenem Hund Geld zu kassieren. Das ist in Rumänien kein seltener Fall.

Wenn die Hunde Glück haben, dürfen sie vom städtischen Tierheim in ein Tierheim umziehen, das von Tierschützern betrieben wird. Vor Ort haben sie nur sehr schlechte bis gar keine Vermittlungschancen. So kommen sie dann eventuell nach Deutschland, England, in die Schweiz und so weiter.

Ich möchte nicht wissen, wie viele Hunde in ausländischen Tierheimen ihr Leben dahinfristen, obwohl sie eigentlich ein Zuhause hatten und dort auch geduldet oder geliebt wurden. Das heißt, auf diese Art und Weise bekommen wir sehr viele Hunde aus dem Ausland, die einmal einen Besitzer hatten.

Das Problem bei den freilaufenden Besitzerhunden vor Ort ist, dass sie in den seltensten Fällen kastriert sind. So tragen eben auch die Besitzerhunde ganz erheblich zur

Auf den ersten Blick Straßenhunde, auf den zweiten Blick Hunde mit einem Zuhause.

Population der Straßenhunde bei. Bei Kastrationsaktionen müssen also auch diese Hunde kastriert werden, was nicht immer gelingt. Wie schon beschrieben, ist die Sterberate bei Welpen von herrenlosen Straßenhunden sehr hoch und die Wurfgröße eher klein.

Ich wage die Vermutung, dass freilaufende Weibchen bei dieser Art der Haltung, also mit einem sicheren Zuhause, regelmäßigem Futter und eventueller Zuwendung, die Welpen besser durchbekommen als herrenlose Streuner. Bei Befragungen von Hundebesitzern kam oft heraus, dass die Tiere entweder vom Nachwuchs der vorhandenen oder vorhanden gewesenen Hunde stammten. Sie wurden von einem Bekannten als Welpe übernommen oder sie waren irgendwann einmal da waren und wurden weiterhin geduldet. Auch wenn sie jederzeit vom Gelände können, verbringen sie die meiste Zeit ihres Lebens doch auf dem eigenen Gelände. Wie die eigentlichen, also herrenlosen Straßenhunde auch, sind sie eher ortstreu. Streifzüge finden meistens nur kurz und nicht ausgiebig statt. Schließlich muss ja auch jemand im eigenen Kernrevier vertreten sein. Zur Zeit der Läufigkeit ist das natürlich etwas anderes.

Straßenhund trifft Besitzerhündin mit Freilaufmöglichkeit. Diese Art der Haltung ist weit verbreitet. So kommt es immer wieder zu Deckakten, was verdeutlicht, dass auch die Kastration von Straßenhunden alleine nicht zum Erfolg führt. Besitzerhunde sollten ebenfalls kastriert werden.

Auf diesem Gelände leben drei Besitzerhunde. Sie werden versorgt und haben Sozialkontakt zum Menschen. Wann immer sie möchten, können sie das Gelände verlassen. Diese Gelegenheit nutzen sie für gelegentliche Streifzüge – es sind quasi Teilzeitstraßenhunde.
Leider ist es auch so, dass sie vom Hundefänger erwischt werden können, wenn sie zum falschen Zeitpunkt unterwegs sind. Meiner Meinung nach gibt es in Tierheimen und in Deutschland sehr viele Auslandshunde, die vorher ein Zuhause hatten. Und wenn man einmal ganz ehrlich ist, hatten sie nicht unbedingt ein schlechtes Leben. Die Umgebung selbständig zu erkunden, zu schnüffeln und zu schauen, ohne Begrenzungen durch Leine und Mensch, entspricht voll und ganz der Natur des Hundes.

Das Ergebnis einer unkastrierten Besitzerhündin. In einem ausländischen Tierheim hat niemand die Zeit, zwei Wochen alte und mutterlose Welpen mit der Flasche großzuziehen. Sie werden eingeschläfert.

Wenn Sie einen Hund aus dem Ausland haben, der relativ selbstständig, sozialverträglich mit Artgenossen, umweltstabil und zugänglich dem Menschen gegenüber ist, dann könnte es sein, dass er einmal ein freilaufender Besitzerhund war.

Diese Hunde neigen auch oft zu Leinenaggression gegenüber anderen Hunden. Durch die Leine können sie, im Gegensatz zu früher, die Begegnung nicht mehr selbst managen. Der dadurch entstandene Frust wird oft mit Gebell und wildem Gezeter an der Leine kompensiert. Lässt man den Hund dann an der Leine zum anderen Hund, ist meist Schluss mit der Angeberei, ohne dass es eine ernsthafte Auseinandersetzung gibt. Allerdings ist dies keine Empfehlung meinerseits – der Hund sollte vielmehr lernen, den Frust zu ertragen, nicht zu jedem Hund hinzudürfen. Da die meisten Hunde mit Freigang, wie bei den anderen Haltungsformen auch, eher selten ins Haus gelassen werden, zeigen sich leichte Unsicherheiten beim Betreten eines Raumes. Insbesondere der Fernseher sorgt am Anfang für Irritation und auch Treppensteigen muss fast immer geübt werden. Da freilaufende Besitzerhunde aber sehr reizstark und selbständig aufwachsen durften, sind sie sehr anpassungsfähig und clever und können sich somit schnell an neue Dinge gewöhnen.

Besitzerhund ohne Freigang

Sehr häufig werden Hunde als Wachhund gehalten. Sie haben nie die Gelegenheit, das Gelände zu verlassen. Meistens werden sie durch eine Kette oder durch einen ausbruchsicheren Zaun davon abgehalten. Die Besitzer gehen nur in absoluten Ausnahmefällen mit den Hunden spazieren.

Wenn diese Hunde Glück haben, können sie wenigstens ihre Umwelt durch den Zaun wahrnehmen. Manchmal ist aber auch dies nicht gegeben.

Hunde, die unter solchen Umständen aufwachsen, sind nicht wirklich umweltstabil. Der Sozialkontakt zu anderen Hunden ist eher selten gegeben, da sie entweder alleine gehalten werden oder sie nur Kontakt mit den anderen Hunden auf dem Gelände hatten. Für sie existiert nur eine ganz kleine Welt, die – geprägt durch fehlende Umweltreize und wenige Erfahrungswerte – ihre Lebensqualität erheblich verschlechtert.

Die Welt dieser Hunde besteht nur aus dem Gelände, auf dem sie sich bewegen dürfen.

Sie haben nie gelernt, sich mit Problemen, außer durch das Anschlagen, auseinanderzusetzen. Deshalb fällt es ihnen auch schwer, die Rolle des Wachhundes beziehungsweise ihre Bellfreudigkeit jemals wieder abzulegen.

Inwieweit sie sich noch umstellen können, hängt vom Wesen der Tiere ab. In seltenen Fällen sind diese Hunde wirklich aggressiv. Der Effekt "hinterm Zaun bin ich stark" fällt meistens in sich zusammen, wenn sich jemand, aus welchem Grund auch immer, nähert und wie ganz selbstverständlich das Gelände betritt. Meistens bleibt es dann beim Verbellen.

Ausgebildet oder scharf gemacht sind diese Hunde selten. In Rumänien beziehungsweise in Bukarest ist auf fast jedem Grundstück solch ein Hund zu sehen. Es müssen Tausende sein.

Die kontinuierliche Beschäftigung als Wachhund kann eine sehr gute und artgerechte Auslastung sein. Diese Art der Haltung jedoch, auf kleinstem Raum, oft auch alleine und ohne Freigang oder Spaziergang ist letztlich zu begrenzt und eintönig.

Eine ähnliche Art der Haltung wurde mir auch auf Teneriffa beschrieben. Hier sind es aber nicht die Wachhunde, sondern die kleinen Schoßhunde, an denen man sich als Mensch erfreut, aber keine Lust auf das Gassi gehen hat. In den engen und dicht besiedelten Städten haben die Menschen kein Grundstück, ins Haus soll der Hund aber auch nicht. Also verbringt er die meiste Zeit seines Lebens auf dem Flachdach, das auf Teneriffa quasi die Terrasse ist. Wenn der Hund dort sein Geschäft verrichtet, ist das nicht ganz so schlimm, weshalb er dann auch selten Gassi geführt wird.

Diese Art der Haltung findet sich auch in anderen südlichen Ländern wieder. Sie ist kaum offensichtlich, da die Hunde meistens ebenfalls von ihrer Umwelt nichts mitbekommen und sie auch nicht gesehen werden.

Das Ausmaß dieser Haltung wurde mir einmal auf Teneriffa sehr früh morgens bewusst. Meine Freundin und ich wollten vor Sonnenaufgang auf dem Vulkangebiet rund um den Teide sein. Wir waren also um 4:30 Uhr morgens startklar. Ein Krankenwagen heulte durch die engen Gassen, als plötzlich im Umkreis von 800 Metern ein nicht zu überhörendes Heulkonzert von Hunderten Dachhunden die Nacht durchdrang. Ich ging auf das Dach des Hotels: Es war Wahnsinn, von überallher heulte es.

Besitzerhunde ohne Freigang zeichnen sich eventuell durch hohe Wachsamkeit aus, sie sind nicht unbedingt sozialverträglich und trauen nur ihrem eigenen Menschen.
Fremden Menschen gegenüber sind sie zurückhaltend.
Außerhalb ihres Geländes sind sie eher unsicher. Das kann man kurz nach der Übernahme gut beobachten, da sie anfangs bevorzugt ihre Geschäfte auf dem eigenen Gelände machen. Beim Spazierengehen an der Leine kann es zu Überforderungen gegenüber Umwelteinflüssen wie Autoverkehr, Fahrradfahrern und so weiter kommen. Das kann sich durch Meideverhalten wie Umlaufen des Konflikts im großen Bogen oder schreckhaftes Zurückweichen zeigen. Anfangs ziehen die Hunde auch gerne wieder Richtung eigenes Haus, weil sie sich dort sicherer fühlen.

Kettenhunde/ Zwingerhunde

Zu den Kettenhunden gibt es wenig zu sagen, das Ihnen als Leser neu erscheinen sollte. Diese Art der Haltung ist im Grunde genommen genauso einseitig und reizarm wie die Situation der Wachhunde, nur dass ihr Bewegungsradius je nach Länge der Kette noch eingeschränkter ist.

Die Hunde sollen natürlich an Ort und Stelle bleiben, um als Wachhund präsent zu sein. Manche Schäfer wollen sich auch ein teures Gatter für die Schafe sparen und nehmen stattdessen einen Kettenhund am Gehegeeingang, sodass sich die Schafe nicht heraustrauen. Meistens verbringen diese Hunde den ganzen Tag an der Kette. Ein armseliges Leben!

Gerade für unkastrierte Weibchen muss es unerträglich sein, während der Läufigkeit ihren Bewegungsdrang nicht kompensieren zu können. Was ich mir als viel schlimmer vorstelle, ist eine läufige Hündin an der Kette ohne Hütte als Rückzugsmöglichkeit. Ich habe es nie beobachten können, aber ich denke, jeder kann sich vorstellen, welche Szenarien sich abspielen, wenn sie von einer Heerschar von unkastrierten freilaufenden Rüden bedrängt wird.

Nicht selten finden sich als Wachhunde typische Rassehunde an der Kette. Molossoide Rassen, wie zum Beispiel der Rottweiler oder der Dogo Canario (Kanarische Dogge) und Terrier wie die American Staffordshire Terrier oder Pitbulls werden neben Mischlingen aller Art und ausgedienten Jagdhunden bevorzugt.

Bevor wieder über die tierquälenden Länder Europas geschimpft wird eine Bemerkung am Rande: Kettenhaltung ist auch in Deutschland erlaubt, nur heißt sie hier Anbindehaltung.[29]

Die Kettenhunde landen eher selten im Tierheim. Erstens können sie nicht fliehen und zweitens werden sie gebraucht. Da die Besitzer, wie in Deutschland auch, oft Welpen haben wollen, braucht es ein paar Monate bis der Kettenhund »etwas hermacht«. Dadurch haben Tierschützer es auch oft sehr schwer, den Besitzer davon zu überzeugen, den Hund abzugeben. Sie landen dann im Tierheim, wenn der Besitzer verzogen ist oder ihn sonst wie hinterlassen hat. In Spanien haben auch schon Tierschützer dem Schäfer ein Tor finanziert, um den Hund zu bekommen. Somit wird natürlich auch verhindert, dass weitere Kettenhunde nachkommen.

Die Art der Kettenhaltung kann variieren. In den schlimmsten Fällen haben die Hunde nicht einmal Schutz vor Witterung.

Kettenhunde verhalten sich ähnlich wie die Besitzerhunde ohne Freigang. Der Unterschied kann im Sozialverhalten gegenüber anderen Hunden liegen. Die Erfahrungen können variieren, von guten Sozialkontakten bis zu negativen Erlebnissen mit Raufern oder zu aufdringlichen freilaufenden Streunern. Durch die permanente Belastung der Kette oder durch eingewachsene Halsbänder können sie empfindlich am Hals sein.

Verschlagshunde

Diese Art der Haltung ist für die Entwicklung eines Hundes und somit für die spätere Integration in den Haushalt diejenige mit den schwerwiegendsten Folgen.

Meistens sind Jagdhunde davon betroffen. Sie wachsen mit Artgenossen unter den erbärmlichsten Verhältnissen auf, weggesperrt von der Öffentlichkeit und jeglichen Umwelteinflüssen. Der Sozialkontakt zu Menschen ist stark begrenzt und findet, wenn überhaupt, nur mit einer Person statt, die einmal am Tag Fressen bringt.

Dies sind dann oft in Deutschland diejenigen Auslandshunde, die aus Angst vor Menschen und der Umwelt einen allgemeinen, permanenten Stress ertragen müssen und mit denen häufig nur sehr schwer eine wesentliche Verbesserung durch Training zu erreichen ist. Diese »Kaspar-Hauser-Hunde« führen ein Leben in ständiger Angst.

Entweder kommen sie nur zu Jagdsaison raus oder auch nie und dienen lediglich als schneller Ersatz, wenn mal wieder ein Jagdhund versprengt worden ist. Natürlich kommen diese Hunde auch in Nichtjägerhand vor. Warum ein Mensch Hunde so groß werden lässt, weiß ich nicht und werde es nie verstehen, aber ich habe auch schon Hunde in Deutschland erlebt, die so gehalten wurden.

Ungefähr das gleiche traurige Ergebnis zeigt sich, wenn Hunde als Welpen in ein ausländisches Tierheim mit Hunderten von anderen Hunden kommen. Hier geht es zwar um den Schutz der Hunde, aber sie werden in eine ähnliche Situation gebracht wie die Verschlagshunde. Auch sie wachsen oft mit Artgenossen auf, haben aber je nach Tierheim sehr wenig Kontakt mit Menschen. Die oft zitierte Sozialisierungsphase bleibt hier ungenutzt, was sich, wie bei den Verschlagshunden, auf ihr ganzes Leben auswirkt.

Zwar haben Welpen immer noch die größte Vermittlungschance in diesen Ländern, aber trotzdem ist die Chance auf eine frühzeitige Vermittlung relativ gering. Da sie aufgrund der Tollwutimpfung erst im Alter von mindestens vier Monaten nach Deutschland dürfen, sind sie bereits von diesem Leben geprägt und zeigen sich oft als sehr unsichere bis ängstliche Hunde, die weder richtigen Bezug zu Menschen aufbauen können noch mit ihrer Umwelt zurechtkommen.

Hunde, die unter diesen Bedingungen aufgewachsen sind, können nicht als kastrierte Hunde wieder auf die Straße gesetzt werden, da ihnen schlichtweg die Erfahrungen fehlen. Sie wären mit der plötzlichen Reizüberflutung völlig überfordert. Die einzige Chance auf eine Verbesserung ihrer Lebensqualität ist die Vermittlung nach Deutschland. Allerdings ist es auch sehr umstritten, diese Hunde zu uns zu holen, da sie aufgrund ihres Verhaltens schlechte Vermittlungschancen haben. Jemanden zu finden, der mit ihnen verantwortungsbewusst und sicher umgehen kann, ist schwierig.

Meine Erfahrung als Tierheimleiter und Hundetrainer hat aber bei diesen extremen Beispielen gezeigt, dass Hunde durchaus viel nachholen können. Ich glaube, dass die meisten Hunde in Deutschland, die aufgrund ihrer Ängstlichkeit pauschal als Straßenhunde abgestempelt werden, eben keine Straßenhunde sind, sondern Hunde aus dem Verschlag oder junge Hunde, die in einem zu großen Tierheim mit zu wenig Personal aufgewachsen sind.

Bezeichnend für Verschlagshunde sind starke Unsicherheit, Ängstlichkeit oder sogar Panik gegenüber Menschen und allen möglichen Umwelteinwirkungen. Sie sind schlichtweg mit allem überfordert. Diese Art von Hund in unseren Alltag zu integrieren ist eine Herausforderung, aber nicht unmöglich. Wenn sie es sich aussuchen dürfen, dann wählen sie immer den Weg des geringsten Widerstandes und verkriechen sich lieber.
Da sie keinerlei Erfahrungen gesammelt haben, zeigen sie auch selten Alternativverhalten oder kommen von sich aus auf den Menschen zu. So muss der Besitzer ihnen helfen, neue Situationen zu meistern. Das kann auch bedeuten, dass man sie in gewissem Maße behutsam zu ihrem Glück zwingen muss. Da sie oft in Gruppen gehalten werden, sind sie meist sozialverträglich. Ein souveräner Zweithund kann helfen, den Verschlagshund zum Alternativverhalten zu bewegen. Als Besitzer eines solchen Hundes muss man sich auch eventuell damit zufrieden geben, dass der eigene Hund sich mehr zu seinen Artgenossen hingezogen fühlt als zu Frauchen oder Herrchen.

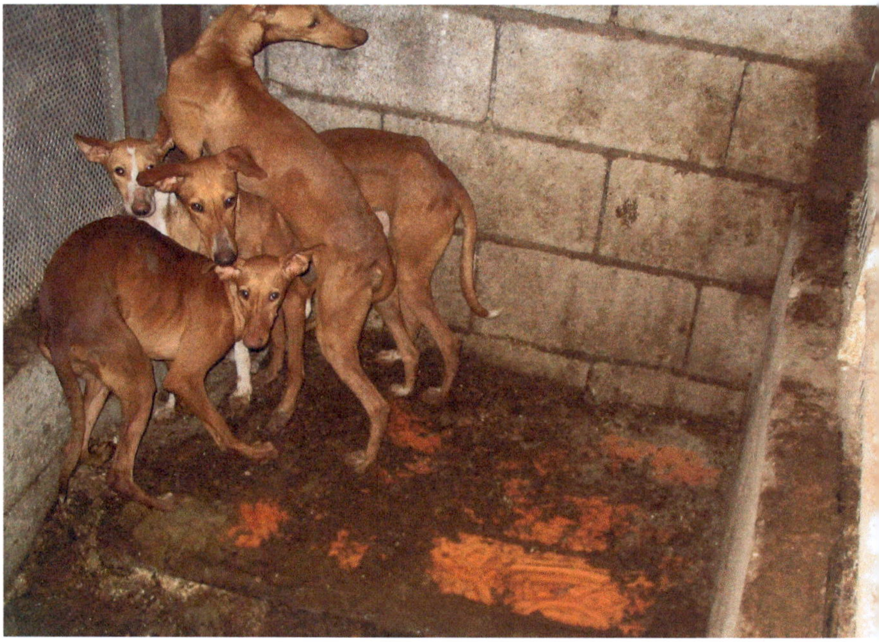

Völlig isoliert von menschlichen Kontakt und Umwelteindrücken fristen diese Besitzerhunde ein erbärmliches Leben.

Die gleichen Verschlagshunde nach ihrer Rettung. Den Tierschützern hier vorzuwerfen, man solle die Hunde doch lieber an Ort und Stelle lassen, weil sie es dort besser hätten, wäre angesichts der Situation dieser Jagdhunde eine schlichtweg ahnungslose Argumentation. Selbst wenn sie ihr Leben lang in dem Tierheim bleiben würden, wäre das für diese Podencos noch immer eine wesentliche Verbesserung der Lebensqualität. Dass sie sich in diesem sehr professionell geführten und modernen Tierheim wohler fühlen, sieht man ihnen an.

Familienhunde

Nach diesen oft negativen Arten der Hundehaltung muss natürlich auch erwähnt werden, dass es, egal in welchem Land, auch Hunde gibt, die ganz normal gehalten werden, sprich »normal« nach unseren Vorstellungen. Nämlich im Haus. Mit allem, was dazu gehört, wie zum Beispiel auf dem Sofa dösen, Gassigehen, sich durchknuddeln lassen und so weiter. Dies ist sicherlich seltener anzutreffen, aber erklärt eben auch die Vermittlungen von Auslandshunden, die völlig unproblematisch ablaufen.

INDICATOR
GARANTAT

Tierschutzpraxis

Haben wir nicht schon genug Hunde in den Tierheimen?

Diese Frage wird sehr häufig gestellt, wenn es um die Verbringung von Hunden aus dem Ausland nach Deutschland geht. Sicherlich ist sie berechtigt. Trotzdem können einige Tierheime es sich offenbar leisten, zusätzlich zu den schon vorhandenen auch noch Hunde aus dem Ausland aufzunehmen. Wieso?

Um zunächst die erste Frage zu beantworten: Ja, wir haben genug Hunde in deutschen Tierheimen, genug verhaltensauffällige, schwer zu vermittelnde Listenhunde, alte und kranke, die enormes Glück brauchen, damit der richtige Mensch für sie ins Tierheim kommt.

Was man aber eher seltener in deutschen Tierheimen findet sind die jungen, kleinen und verhaltensunauffälligen Hunde, also gut vermittelbare. Natürlich gibt es auch nette deutsche Hunde, aber die sind halt auch schnell wieder vermittelt. Die Tierheime und Tötungsstationen im Ausland sind aber voll mit solchen gut Vermittelbaren. Warum sollten sie vor Ort dahinvegetieren, wenn es hier eine Nachfrage gibt?

Das ist eben auch der Grund dafür, warum Tierschützer bevorzugt gut zu vermittelnde Hunde aufnehmen. Alles andere wäre gar nicht tragbar. Somit ist auch gewährleistet, dass die Hunde aus dem Ausland keine Konkurrenz für unsere einheimischen Hunde sind.

Das heißt aber nicht, dass sich auch mal der ein oder andere Hund im Nachhinein als schwierig in der Haltung herausstellen kann. Meine Erfahrungen mit der Vermittlung von Hunden aus Rumänien und Ungarn jedenfalls (den Ländern, aus denen ich hauptsächlich vermittelt habe) sind größtenteils positiv.

Auch die deutschen Tierheime haben einen Vorteil von der Vermittlung von Auslandshunden. Erstens sehen die Menschen auch, dass es eben nicht nur schwierig zu vermittelnde Hunde im Tierheim gibt. Das spricht sich herum, die Besucherzahl steigt. Dabei ist es auch schon vorgekommen, dass Menschen sich für einen nicht so gut zu vermittelnden Hund entschieden haben, obwohl sie eigentlich für einen anderen Hund gekommen waren. Zweitens steigt die Vermittlungsrate, denn jeder, der einen Hund aus dem Tierheim hat, macht automatisch Werbung für dieses Tierheim (wenn alles gut gelaufen ist). Jeder Tierübernehmer ist außerdem ein potenzieller Spender. Und letztlich sind auch Schutzgebühren Einnahmen, wenn auch nicht sehr viel übrig bleibt, wenn alles seriös abläuft. Das, was übrig bleibt, kommt den anderen Tieren zu Gute.

Leider gibt es aber auch viele Tierschützer, die die Tiere relativ wahllos nach Deutschland schicken. Vermittelt werden sie oft nur per Internet oder sogar Facebook. Das wäre noch nicht einmal so schlimm, wenn die Tierschützer auch dafür sorgen würden, dass die Tierübernehmer einen Ansprechpartner vor Ort haben, wenn es einmal nicht so gut klappt. Das ist aber in der Regel nicht der Fall.

Während meiner Arbeit im Tierschutz kam es immer wieder vor, dass Leute mit Hunden aus unseriös arbeitenden Tierschutzvereinen nicht zurechtkamen. Die Organisationen (meist waren es auch nur Privatleute, die das Tier importiert hatten) waren entweder nicht mehr erreichbar, hatten sich aufgelöst oder verwiesen nur darauf, den Hund doch im örtlichen Tierheim abzugeben. Unter solchen Bedingungen kann man es sich auch leisten, verhaltensauffällige Hunde nach Deutschland zu schicken.

Falls Sie sich für einen Auslandshund interessieren, sollten Sie nicht nur möglichst viele Fragen zum Hund selbst stellen, sondern auch zu eventuellen Reisekrankheiten, zum Ablauf des Transportes, aus welchem Tierschutzverein der Hund genau kommt, welche Maßnahmen zum Tierschutz vor Ort getätigt werden, ob das Tierheim Fundtierverträge hat, wie viele Auslandshunde pro Jahr geholt werden, was passiert, wenn die Integration des Hundes nicht funktioniert und so weiter. Ein seriöser Tierschutzverein wird Ihnen diese Fragen gerne beantworten.

Tierschützer, die nicht viel fragen, sondern auf Teufel komm heraus Tiere nach Deutschland bringen und mit einer »Nach mir die Sintflut«-Mentalität vermitteln, lassen den Auslandstierschutz schlecht dastehen. Leider kommt dies gar nicht so selten vor.

Auf der anderen Seite liegt das Problem aber auch bei den hiesigen Tierheimen. Solange einige Tierschützer in deutschen Tierheim noch immer nicht begreifen, dass man mit Besuchern, also potenziellen Tierübernehmen, auch freundlich und sachkundig umgehen kann und sollte, werden Menschen, die einen Hund haben wollen, auch auf unseriöse Tierschutzvereine zurückgreifen. Nicht selten entscheiden sich Menschen für einen Hund aus dem Ausland, weil sie schlechte Erfahrungen mit deutschen Tierheimen gemacht haben. Unfreundliche Tierpfleger mit wenig Sachkunde und schlechtem Einfühlungsvermögen und manchmal geradezu inquisitorische Befragungen von Interessenten für Hunde schrecken viele ab. Natürlich muss an dieser Stelle auch gesagt werden, dass man einem Menschen auch mal von einem Tier abraten muss, woraufhin dieser beleidigt geht, meist mit den üblichen Spruch "...dann müsst Ihr Euch nicht wundern, dass Ihr keine Tiere loswerdet."

Den Unterschied zwischen »Loswerden« und »Vermitteln« verstehen einige ungeeignete Interessenten einfach nicht – und so kommt es dann auch hin und wieder zu Konflikten, die sich in diesem Beruf leider nicht vermeiden lassen.

Wenn die Entscheidung für einen Auslandshund gefallen ist, empfehle ich im Grunde immer, lieber einen Hund aus dem Tierheim oder von einer gut geführten Pflegestelle zu holen als ihn über das Internet zu »bestellen«. Hier haben Interessenten die Möglichkeit, das Tier kennenzulernen und immer einen Ansprechpartner vor Ort. Wenn Sie sich nicht sicher sind oder sich nicht gut beraten fühlen, können Sie außerdem einen guten Hundetrainer darum bitten, sich den Hund anzuschauen. Das kann Ihnen bei der Entscheidung, ob der Hund zu Ihnen passt, helfen – vorausgesetzt natürlich, der Hundetrainer hat auch Ahnung von dem, was er tut.

Die Vermittlung von Auslandshunden über hiesige Tierheime hat also ihre Berechtigung. Abgesehen davon, dass dem einzelnen Hund in den meisten Fällen ein schönes Zuhause gegeben wird und das Tierheim im Ausland eine Fluktuation des Bestandes erfährt, erlebt auch das vermittelnde Tierheim positive Nebenwirkungen.

Was wäre, wenn...?

Was wäre, wenn es in Deutschland Straßenhunde geben würde?

Wären wir dann so viel besser als die Griechen, Türken, Bulgaren und so weiter? Würde bei uns alles anders und tierschutzgerechter ablaufen? In einem Land, in dem sich Menschen bei der Stadt beschweren, weil die Kinder im benachbarten Kindergarten zu laut spielen? Mit Sicherheit nicht.

Machen wir doch einmal ein Gedankenspiel und nehmen Folgendes Szenario an:

Die Wirtschaft in Deutschland geht bergab, und zwar richtig bergab. Viele Menschen können sich ihren Hund nicht mehr leisten, folglich platzen die Tierheime aus allen Nähten und können keine weiteren Tiere mehr aufnehmen.

Zwanzig Jahre später sind die Straßen voll mit Straßenhunden. Sie jagen Autos und radfahrende Kinder und kacken überall hin. Im Stadtpark grillende Menschen werden von Hundegruppen belagert. Hunde reißen überall Mülltüten auf und wildern Haustiere.

Um sich von all der Armut nach außen hin abzusetzen, brauchten einige Menschen einen Rassehund als Statussymbol. Sie trauen sich aber kaum, mit dem Hund spazieren zu gehen, weil es immer wieder Scheinattacken der Streuner auf den eigenen Hund gibt. Nachts kann man kaum durchschlafen, denn irgendwo bellt immer ein Hund und stiftet die anderen mit an. Für Menschen mit Angst vor Hunden ist der Alltag ein Albtraum – überall Hunde, die machen, was sie wollen.

Straßenhundegegner gründen eine Interessengemeinschaft und fordern, die Stadt solle sich doch um das Problem kümmern und die Tiere einfangen. Da im deutschen Tierschutzgesetz aber steht, dass Hunde nicht ausgesetzt werden dürfen, kommt Einfangen, Kastrieren und wieder Aussetzen nicht in Frage.

Außerdem stehen bald wieder Wahlen an und die Bürger wollen die Hunde nicht mehr auf der Straße haben. Die Stadt mietet Lagerhallen, in denen eingefangene Straßenhunde provisorisch in kleinen Verschlägen untergebracht werden. Tierschützer gehen auf die Barrikaden.

Dann bekommt die Stadt ein verlockendes Angebot: Ein Geschäftsmann bietet an, die Hunde einzufangen und zu lagern. Dafür bekommt er pro Hund sechs Euro pro Tag. Billiger kommt die Stadt nicht an eine Lösung des Problems und willigt ein. Zuvor muss der Amtsveterinär das neu gegründete gewerbliche Tierheim des Geschäftsmanns noch abnehmen. Er bemängelt, dass es keine Quarantäne gibt, der Betreiber keinen Sachkundeschein besitzt und die Zwinger

viel zu klein sind. Der Betreiber beteuert, dass dies schon in Ordnung sei und gibt dem Veterinär einen Umschlag. Er verspricht ihm, dass er künftig jeden Monat einen solchen Umschlag bekommt, wenn er das "Tierheim« für gut befindet.

Der Veterinär bewilligt. Die Stadt würde sowieso zusagen, damit sie sich ihren vielen anderen Problemen zuwenden kann. Der Betreiber schickt seine Hundefänger los, die alles einfangen, was ihnen über den Weg läuft. Da die Hundebesitzer noch immer nicht begriffen haben, wozu ein Chip gut ist, landen auch viele frei laufende Besitzerhunde im »Tierheim«. Damit das Geschäft sich lohnt, werden so viele Hunde wie möglich in die Zwinger gestopft und es wird an allen Ecken und Kanten gespart. Eine medizinische Versorgung bleibt aus und das Futter besteht aus Abfallresten, für dessen Entsorgung der Betreiber auch noch Geld verdient. Das "Tierheim« ist sehr schnell überfüllt, aber die Straßen sind immer noch voll mit Hunden.

Damit der Betreiber immer wieder neue Hunde aufnehmen kann und somit der Vertrag mit der Stadt nicht platzt, muss er sich etwas einfallen lassen. Laut Tierschutzgesetz darf kein Hund einfach so eingeschläfert werden – also gibt er den Hunden einfach nichts zu fressen. Aber die Hunde verhungern nicht, vorher zerbeißen sie sich und ernähren sich von den Kadavern der anderen Hunde. Das Sterben geht also zu langsam. Folglich besorgt sich der Betreiber einen toten Fuchs und legt ihn zwischen die Hunde, der Veterinär kommt und gibt aufgrund von Tollwutverdacht das Töten aller Tiere frei. Der Fuchs kommt in die Gefriertruhe, für das nächste Mal.

Tierschützer aus Norwegen kommen und nehmen wahr, was in Deutschland mit den Hunden geschieht. Durch Facebook wird Deutschland in Norwegen als das Hundehasserland bekannt. Deutsche Tierschützer versuchen, aus eigenen Mitteln ein Tierheim zu gründen – mehr schlecht als recht. Sie versuchen, alle Hunde zu retten – die Zwinger sind voll mit Tausenden von Hunden, sie sind krank oder werden es. Sie stinken und viele ehemalige Streuner sind verhaltensauffällig, das spricht sich herum und kein Mensch holt sich ein Tier aus dem Tierheim, die Vermittlungsrate geht zurück. Den Tierschützern wächst alles über den Kopf.

Alle Bemühungen der Stadt, die Anzahl der Hunde auf der Straße zu verringern, scheitern, trotzdem macht sie weiter so. Die norwegischen Tierschützer finden heraus, dass der Betreiber des gewerblichen Tierheims der Vetter des Bürgermeisters ist.

In Teilen der Bevölkerung entsteht ein regelrechter Hass auf die Straßenhunde. Um die Sache selbst in die Hand zu nehmen, werden Giftköder ausgelegt. Aus Protest, vielleicht auch nur aus Spaß, erhängt man Hunde an Bäumen. Gegen die Langeweile auf dem Hochsitz ist es für Jäger eine nette Abwechslung, einen Streuner zu erlegen.

In Norwegen tauchen im Internet nur noch Horrorszenarien im Umgang mit Tieren in Deutschland auf.

Ein neuer Bürgermeister wird gewählt, er kündigt den Vertrag mit dem gewerblichen Tierheim und unterstützt die Arbeit der Norweger und der deutschen Tierschützer. Sie erreichen, dass Kastrationsaktionen durchgeführt werden und das Tierheim der Tierschützer für Fundtiere zuständig ist.

Leider funktioniert das Kastrationsprojekt aber nicht richtig. Es gibt Tierärzte, die zwar das Geld für die Kastration nehmen, aber anstatt auch zu kastrieren wird nur eine Ohrmarke gesetzt und der Hund unkastriert auf die Straße gesetzt.

Die deutschen Tierschützer weigern sich trotz Erlaubnis, kastrierte Hunde ohne Vermittlungschance wieder auf die Straße zu setzen, denn dort könnten sie ja überfahren werden. Außerdem könnte man aggressive Hunde nicht wieder aussetzen und eine Euthanasie komme natürlich nicht in Frage. Was sollen denn die Tierpaten denken?

Zeitgleich nimmt der Betreiber des gewerblichen Tierheims Kontakt mit den benachbarten Städten auf. In deren Auftrag fängt er die Hunde dort ein und setzt sie dann in der Stadt aus, für die die Tierschützer zuständig sind, woraufhin diesen unterstellt wird, das Problem nicht in den Griff zu bekommen. Nach dem nächsten Bürgermeisterwechsel stellt sich heraus, dass der Bürgermeister kein Interesse am Tierschutz hat und alles geht wieder von vorne los.

Aber dies ist ja zum Glück nur ein Gedankenspiel! Oder? Was wäre, wenn?

Wie sieht es in Deutschland aus?

Sie glauben, das alles wäre in Deutschland nicht möglich? Wir wären nicht so korrupt und hätten Gesetze und Behörden, die alles überwachen? Ja, das haben wir, aber gute Zeiten können sich schnell ändern, und mit der Armut steigt immer die Korruption. Wer sagt, dass auch wir irgendwann nicht nur geographisch, sondern auch wirtschaftlich den Ländern wie z.B. Rumänien sehr nahe sind? Die Hunde im Ausland sind leicht angreifbar, da sie quasi auf der Straße frei zu Verfügung stehen und keinen Besitzer haben, der einschreitet, wenn man sie mit Steinen bewirft.

Die Masse der Straßenhunde ist letztlich Ursache des Elends und produziert viele grausame Bilder, auf die Tierschützer zurückgreifen können, wenn mal wieder durch die Foren geht, wie grausam diese Länder zu den Tieren sind. Aber wie sieht es zurzeit in Deutschland aus? Auch hier hören wir immer wieder von ausgelegten Giftködern, und dass Jäger legal unter dem Vorwand des Wilderns Haustiere erschießen, ist auch kein Geheimnis. »Schätzungsweise werden jährlich etwa 400.000 Katzen und 65.000 Hunde von Jägern erschossen«.[30]

Kettenhaltung (mit dem schwachen Trost einer 6m langen Laufvorrichtung) und Zwingerhaltung ist erlaubt und wird auch noch angewendet. Es gibt sexuellen Missbrauch von Tieren, Tausende Tiere werden jährlich ausgesetzt – darunter auch alte Hunde, die einfach nur noch eingeschläfert werden können oder abgemagerte und sonstwie misshandelte Tiere.

Es gibt zahlreiche Vermehrer, die Hunde unter erbärmlichen Verhältnissen »züchten«, halten und verkaufen. Sie würden dies nicht tun, wenn es nicht auch reichlich Menschen geben würde, die sich billig einen Rassehund anschaffen wollen.

Landwirte, die Tierschützer mit der Forke in der Hand vom Hof jagen, weil diese gefragt haben, ob sie die Hofkatzen kastrierten dürfen, zählen ebenfalls zu meinen Erfahrungen.

Auch in Deutschland gibt es gewerbliche Tierheime, sehr selten zwar, aber es gibt sie. Ich habe Tierheime im Ausland gesehen, die in besseren Zuständen waren als ein mir bekanntes gewerbliches Tierheim in Deutschland. Die Hunde und Katzen lebten dort in

ungeheizten Baracken, es gab zu dem Zeitpunkt keine Quarantäne, Katzen mit Pilzbefall saßen in Kaninchenkäfigen im Eingangsbereich! Und das Schlimmste daran war, dass das Tierheim vom Amtsveterinär abgesegnet worden war. Auch wenn ich in diesem Fall keine Korruption unterstellen möchte, ist dieses Tierheim einzig und allein deshalb durchgekommen, weil es für die Vertragspartner die billigste Variante für die Unterbringung von Fundtieren war.

Auch auf der politischen Seite sieht es nicht anders aus. Es gibt natürlich auch die engagierten Veterinäre, die am liebsten mehr tun würden, aber vom Arbeitgeber oder dem Landkreis oft aus Kostengründen gezügelt werden.

In den meisten Bundesländern gibt es noch immer schwachsinnige Kampfhundeverordnungen, die dazu führen, dass Tausende Hundehalter durch enorme Steuern und anderes diskriminiert werden. Zu Beginn der Kampfhundehysterie wurden Hunderte von Hunden in Hamburgs Lagerhallen gelagert. Es fanden Einschläferungen statt, weil Hunde es gewagt hatten, beim Wesenstest Diensthunde anzubellen, die im Polizeiauto saßen und ebenfalls bellten. Noch immer gibt es Pensionen, die sichergestellte Listenhunde für den Staat aufnehmen, da Tierheime schwer zu vermittelnde Hunde nicht unbegrenzt aufnehmen können. Für den Pensionsbetreiber ist das leicht verdientes Geld auf Kosten der Steuerzahler.

Während die Tierheime vor lauter Katzen überquellen, müssen sich Tierschützer, die eine Kastrationspflicht für frei laufende Katzen fordern, immer wieder von Politikern anhören, dass es eigentlich kein Katzenproblem in der Stadt XY gäbe.

Es gibt Gemeinden, die fordern, dass man erst eine schriftliche Genehmigung einholen muss, bevor der Finder eines Fundtieres das Tier ins Tierheim bringen darf. Ich kenne einen pädagogischen Hof, der Kleinsäuger als Fundtiere aufnimmt. Dieser Hof darf aber nicht für die Vermittlung der Tiere im Internet werben. Die Gemeinde befürchtet, dass dann dort vermehrt Tiere ausgesetzt werden könnten und das kostet wiederum Geld.

Trotz allem sind die Zustände in Deutschland sicherlich nicht mit denen anderer Länder zu vergleichen. Aber in Ländern, in denen es Straßenkinder gibt, in denen Menschen im wahrsten Sinne des Wortes wie die Hunde leben, in denen die Wirtschaft steil bergab geht und die Bildung nicht alle Ecken des Landes erreicht, können wir nicht erwarten, dass mit Tieren so umgegangen wird, wie wir es gerne hätten.

Der Fall Ecki, Deutschlands einziger Straßenhund

Es gibt tatsächlich einen Straßenhund in Deutschland. Seine Geschichte zeigt uns, dass wir nicht ins Ausland schauen müssen, um Hundegegner und Maßnahmen gegen Straßenhunde erleben zu dürfen. Sein Name ist Ecki.

Im Jahr 2011 tauchte der scheue Retrievermix im thüringischen Eckardtshausen auf. Alle Einfangaktionen scheiterten. Selbst Fernseh-Hundetrainer Martin Rütter hatte versucht, ihn einzufangen. Mittlerweile weiß man, wo Ecki ursprünglich herkam: Im Alter von vier bis sechs Monaten wurde er bei einem Schäfer gehalten. Da zeigte er sich bereits sehr scheu gegenüber dem Menschen. Er wurde weitervermittelt und kam dann irgendwie abhanden.

Seitdem läuft er frei in Eckardtshausen herum und wird von der Einwohnerin Frau Senf, die ihn als erste wahrgenommen hat und sich für ihn einsetzt, mit Futter versorgt. Ecki ist nach wie vor sehr zurückhaltend und scheu gegenüber Menschen. Obwohl er immer auf Abstand bleibt und bei Annäherung flüchtet, fühlten einige Menschen sich von ihm bedroht. Daraufhin fiel er unter die Gefahrenabwehrverordnung der Gemeinde. Da man ihn nicht einfangen konnte, wurde er zum Abschuss freigegeben! Martin Rütter konnte den Bürgermeister davon überzeugen, dass von Ecki keine Gefahr ausging.

Er darf sich jetzt frei bewegen und läuft hin und wieder durchs Dorf. Er ist auch bereits Vater geworden.

In dieser Geschichte kommen genau die gleichen Menschentypen vor, die wir auch in den Ländern Süd- und Osteuropas finden: Es gibt tierliebe Menschen, die sich um den Hund kümmern. Es gibt diejenigen, die sich immer wieder beschweren, obwohl niemand irgendwelche Nachteile durch Eckis freies Leben hat. Auch gibt es Tierschützer, die ihn am liebsten einfangen würden.

Ich persönlich denke, dass er für sich das optimale Leben gefunden hat. Eine Vermittlung wäre bei ihm auszuschließen, darum sehe ich keinen Grund dafür, ihn sein Leben lang einzusperren.

Eine Gefahr geht von Ecki nicht aus, er bleibt immer auf Abstand. Trotzdem hat auch er Freunde und Feinde.

Kastrieren, kastrieren, kastrieren

In Deutschland gibt es seit einigen Jahren etliche Diskussionen rund um das Kastrieren. Und tatsächlich kann eine Kastration Folgen haben, die sich auf die Gesundheit und auf das Verhalten negativ auswirken können. Allerdings ist Vieles davon reine Theorie.

Meine Erfahrung mit Tausenden von kastrierten Hunden zeigte mir, dass nichts so dramatisch ist, wie Kastrationsgegner behaupten. Aber zumindest sind wir heute so weit, zu wissen, dass man auch nicht auf Teufel komm heraus kastrieren sollte. Auch nicht in deutschen Tierheimen.

Ganz anders sehe ich es allerdings bei den Auslandshunden, egal ob Straßenhund oder Besitzerhund. Das Kastrieren ist eine der wirksamsten Sofortmaßnahmen, die man vor Ort durchführen kann. In diesen Ländern gibt es einfach zu viele Hunde. Ein Hund, der kastriert ist, sorgt nicht mehr für Nachwuchs. So einfach ist das, denn auch wenn die Wurfgröße sehr klein und die Welpensterblichkeit auf der Straße sehr hoch ist, müssen die vielen Hunde ja irgendwo herkommen.

Voraussetzung für ein erfolgreiches Kastrationsprojekt ist allerdings, dass auch die Besitzerhunde in betreffenden Gebiet kastriert werden - und daran scheitert es meistens. So führen die Kastrationsprojekte in vielen Ländern nicht zum gewünschten Erfolg der Populationsregulierung.

Es gibt aber noch andere Gründe, die für *Neuter and Release* sprechen. Da das Fortpflanzungsverhalten wegbleibt, laufen die Streuner nicht mehr blind vor Liebe über die Straße, auch gibt es weniger Streitereien und damit weniger Bissverletzungen. Die kastrierten Hunde leben letztlich gesünder und länger. Außerdem wird dadurch verhindert, dass Straßenhunde sich um eine läufige Hündin gruppieren und im Pulk hochaktiv und auffällig durch die Gegend laufen.

Dadurch, dass sie auch gegen Tollwut geimpft werden, werden sie von der Bevölkerung eher akzeptiert. In vielen Ländern werden die Hunde durch Ohrmarken gekennzeichnet. So ist für jeden Menschen klar ersichtlich, dass sie, zumindest was die Tollwut angeht, gesund sind. Auch wenn oft kritisiert wird, dass die Ohrmarken zu Entzündungen führen können, stellen sie eine gute Werbung und Öffentlichkeitsarbeit für die Gesundheit der Straßenhunde dar.

Spätestens im Tierheim kommt man um eine Kastration nicht herum. Mit dreihundert oder mehr Hunden müssen alle vor der Geschlechtsreife kastriert werden, auch wenn es eine Frühkastration ist, die ich in den allermeisten Fällen in Deutschland ablehnen würde. Die Tierschützer vor Ort können es sich einfach nicht leisten, noch mehr Hunde in diese Situation zu gebären und die Welpen dann wieder im Tierheim aufwachsen und eventuell verhaltensauffällig werden zu lassen.

Sterilisation statt Kastration

Zurzeit wird in Deutschland auch darüber diskutiert, ob eine Sterilisation statt einer Kastration besser wäre.

Eine interessante Theorie, die allerdings in den meisten Fällen nicht umsetzbar sein dürfte. Da selbst von Tierschützern und anderen Experten die Begriffe Sterilisation und Kastration immer wieder verwechselt werden, möchte ich kurz den Unterschied erklären: Bei beiden Maßnahmen wird eine Unfruchtbarkeit erreicht. Bei einer Kastration werden beim Rüden die Hoden und bei einer Hündin die Eierstöcke entfernt. Dabei wird relativ stark in den Hormonhaushalt eingegriffen. In manchen Fällen kommt es zu Verhaltensänderungen, was mal positive, mal negative Auswirkungen haben kann.

Genauso gibt es sowohl positive als auch negative Auswirkungen auf den Gesundheitszustand des Hundes. Eine Kastration bei meist größeren Weibchen kann zum Beispiel eine Inkontinenz hervorrufen. Auf der anderen Seite wird die gefährliche Gebärmuttervereiterung (Pyometra) verhindert. Zu diesem Thema gibt es ganze Bücher, deshalb an dieser Stelle nur eine grobe Erklärung der Vor- und Nachteile: Der Sexualzyklus wird unterbrochen. Hündinnen werden nicht mehr läufig und Rüden verlieren das Interesse an läufigen Hündinnen – mal mehr, mal weniger.

Bei einer Sterilisation werden beim Weibchen die Eileiter und beim Männchen die Samenleiter abgebunden. Es gibt keine Veränderung des Verhaltens, da die hormonbildenden Organe intakt bleiben. Hündinnen werden weiterhin läufig. Die Idee bei der Sterilisation ist, dass man nicht mehr alle Individuen einer Gruppe/Rudels einfängt und kastriert, sondern nur noch die ranghohen, reproduzierenden Geschlechtspartner. In einem richtigen Rudel darf ja nicht jeder zum Deckakt kommen. Da die Hündin weiterhin läufig wird, bleibt das Sozialgefüge normal, alle Hunde sind von der läufigen, aber unfruchtbaren Hündin abgelenkt. Es gibt weniger Abwanderer, die woanders zum Zuge kommen würden und die Gruppe/ das Rudel wird nicht gesprengt.

Im Grunde genommen eine ernst zu nehmende Theorie, die unter bestimmten Umständen auch Erfolg garantieren wird. Dazu sind aber bestimmte Bedingungen erforderlich. Zum einen braucht man ein Rudel mit festen Rudelstrukturen, in dem die ranghöchsten Mitglieder zu Paarung kommen. Dies geht meist aus Familienverbänden hervor. Die Fluktuation innerhalb des Rudels, also die Mitgliederneugewinnung, kommt vor, ist aber eher selten. Das Rudel hat ein klares Kernrevier und verteidigt dies auch gegenüber Rudelfremden. Es bleibt über Jahre relativ konstant und wird nicht ständig durch Jäger, Hundefänger, Tierschützer oder Vergiftungsaktionen versprengt.

All diese Bedingungen sind, wie bereits beschrieben, sehr selten bei Straßenhunden zu finden. Zum anderen müssen Tierschützer dazu in der Lage sein, alleine aus Beobachtungen heraus entscheiden zu können, welches denn das reproduzierende Paar ist. Dies bedarf wochenlanger Beobachtung, die gerade während der Läufigkeit ohne Telemetrie, also der Ortung mittels besenderter Halsbänder, nur sehr schwer durchzuführen sein wird. Letztlich haben die wenigsten Tierschützer die Kenntnisse und Erfahrungen, die dazu nötig sind.

Da außerdem meiner Meinung nach die allermeisten Straßenhunde in losen Gruppierungen leben, in denen es eine sehr starke Fluktuation und überlappende Reviere gibt, ist es kaum möglich, zu selektieren und zu bestimmen, wer zum Zuge kommen wird und wer nicht.

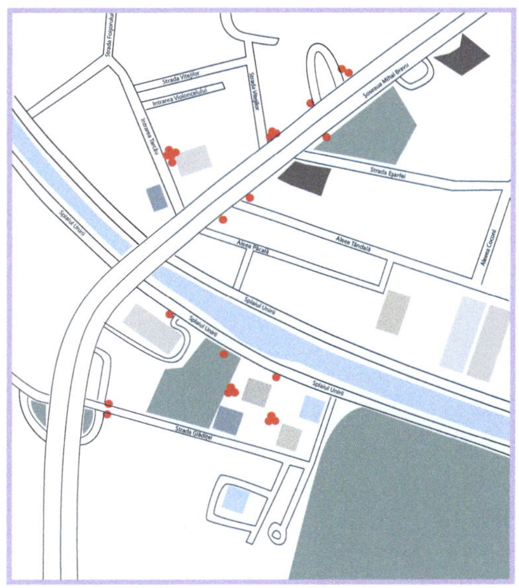

Beispiel für eine telemetrische Beobachtung eines Gebiets, hier eines Stadtbezirks in Bukarest. Jeder rote Punkt ist das GPS-Signal eines Hundes.

Auf der abgebildeten Karte mit den GPS-Daten (auf der vorherigen Seite) sieht man, wie sich die Hunde im südlichen Teil der Karte das Gebiet rund um die Hochhäuser teilen. Sie bewegen sich voneinander unabhängig und wechseln teilweise ihren Aufenthaltsort. Sie verbringen die Zeit mal getrennt voneinander und mal zusammen.

Im nördlichen Teil sind jede Menge andere Hunde entlang der Straße verteilt. Sie verdeutlichen zum einen, wie viele Hunde sich auf relativ kleinem Gebiet aufhalten können. Zum anderen bieten sie mit ihrer Anzahl auch viele Alternativen zur Partnersuche während der Läufigkeit. Ich glaube, dass sich die einzelnen Gruppen zu Zeiten der Läufigkeit regelrecht vermischen und eine Beobachtung fast unmöglich machen. Mit viel Zeit, Knowhow und wissenschaftlichem Werkzeug könnte man sicherlich eine Struktur in dieses »Chaos« bringen, aber welcher Tierschützer soll dies leisten?

Natürlich könnte man alle Hunde beziehungsweise alles, was man eingefangen bekommt, auf Verdacht sterilisieren. Wenn da nicht noch die Argumente für die Kastration wären, die ich oben bereits beschrieben habe.

Ein Beispiel für mögliche Sterilisation: Die Hundegruppe am Thermalbad

Meine Neugierde auf eine ausgeschilderte Naturtherme brachte mich an diesen ruhigen und schönen Kurort in Griechenland. Die Therme war bereits seit einiger Zeit geschlossen und viele Gebäude standen leer.

Wie es der Zufall wollte, gab es hier nicht nur eine kostenlose

Bademöglichkeit in einer natürlichen Vulkanquelle, sondern auch noch eine Gruppe von Straßenhunden. Perfekt, hier blieb ich erst einmal! Auch wenn es sich meines Erachtens hier nicht um ein Rudel, sondern um eine Gruppe handelte, hätte man hier die Sterilisation anwenden können. Die Gruppe war sehr ortstreu und durch die Abgeschiedenheit des Ortes isoliert von anderen Hunden. Sie bestand aus drei Rüden und einem Weibchen. Es gab noch eine andere Hündin, die wahrscheinlich später dort ausgesetzt wurde. Zu diesem Zeitpunkt wurde sie von der Gruppe nicht wirklich akzeptiert und blieb immer etwas auf Abstand.

Laut einer Dame, die die Hunde regelmäßig fütterte, war keiner der Hunde kastriert. Der Nachwuchs wurde immer von einheimischen Besuchern mitgenommen. Das Gelände lag sehr weit abseits und war seit einigen Jahren geschlossen.

Durch die isolierte Lage und die kleine, überschaubare Gruppe könnte man hier sicherlich ein Sterilisationsprojekt durchziehen und beispielsweise die Weibchen sterilisieren. Diese Situation ist aber nicht ansatzweise vergleichbar mit der vieler Städte wie zum Beispiel Istanbul oder Bukarest.

Da die Naturtherme noch benutzbar war, kamen viele Einheimische hierher zum Baden und fütterten nebenbei die Hunde.

GR
KBT-2145
CITROËN ANKO CAR

Wie sieht effektiver Auslandstierschutz aus?

Die Frage der Fragen lautet letztendlich: Was muss passieren, damit sich vor Ort etwas ändert?

Die Einzelmaßnahmen, die ich hier in Kurzform aufführe, sind für Menschen, die Tierschutz betreiben, nichts Neues – so hoffe ich zumindest. Auf die eigentliche Schwierigkeit der Umsetzung komme ich später. Sich dauerhaft vor Ort zu engagieren ist schon einmal ein guter Anfang und mehr als das, was die meisten Menschen leisten, die sich zu diesem Thema äußern!

Es sollte eine Zusammenarbeit mit der Politik und den Menschen vor Ort angestrebt werden, auch wenn die Meinungen auseinandergehen. Wenn möglich sollten *Neuter and Release-Programme* eingeführt werden, neben einer Kastrationspflicht für Besitzerhunde, deren Umsetzung kontrolliert wird. Das Ganze müsste mit gleichzeitiger und massiver Öffentlichkeitsarbeit und Aufklärung der Einwohner verbunden werden. Eine enge Zusammenarbeit mit einheimischen Tierärzten, dem Staat und den Tierschützern sollte existieren und so viele einheimische Privatmenschen wie möglich müssten in den Tierschutz integriert werden.

Das Tierheim sollte grundsätzlich seine Kapazitäten nicht um mehr als 20 % überlasten. Es sollte eine selektive Lösung für die Hunde angestrebt werden, sprich von der Straße kommende Hunde nach der Kastration wieder kastriert dorthin zurück gelassen werden, sofern gewährleistet ist, dass sie nicht vom Staat eingefangen werden. Diese Hunde sollten entsprechend geimpft, medizinisch versorgt, gechipt und äußerlich gut erkennbar markiert werden (Ohrmarke, Halsband).

Das gilt natürlich nicht für aggressive Hunde. In diesem Fall sollte eine Euthanasie bedacht werden – ich weiß, dies ist ein kritisches Thema.

Diejenigen Hunde, die nicht wieder auf die Straße können und nach Deutschland sollen, sollten vorher vor Ort getestet und soweit es geht verhaltensanalytisch untersucht werden, damit das aufnehmende Tierheim oder die Tierübernehmer so viele Informationen wie möglich im Vorfeld über das Tier erfahren.

Der Tierschutzverein, der das Tier nach Deutschland bringt und dort vermittelt, sollte bei Problemen oder bei der Wiederabgabe des Tieres hilfestellend zur Seite stehen. Der Transport sollte offiziell angemeldet werden und legal, mit allen dafür notwendigen Maßnahmen und Papieren (Traces) erfolgen.

Und das Wichtigste zum Schluss: Flächendeckende und langfristige Aufklärung von Kindern in Schulen. Dazu gleich noch mehr.

Die wirklich praktisch arbeitenden Tierschützer vor Ort werden über diese Auflistung vermutlich schmunzeln und sich denken: »Wenn das mal so einfach wäre!« Die Politiker scheren sich manchmal einfach einen Dreck um die Tiere. Entschuldigen Sie meine Wortwahl, aber ich kann es nicht anders umschreiben. Wenn man als Tierschützer mit solch einem Politiker zu tun hat, kann man in dieser Hinsicht in der Regel einfach nichts erreichen. Ich bewundere Menschen, die seit Jahren immer wieder Rückschritte und Blockaden der Politik ertragen müssen und trotzdem am Ball bleiben.

Auch mit massiver Öffentlichkeitsarbeit kann man nicht alle Menschen erreichen. Und auch in unserem ach so tierlieben Land gibt es immer noch Menschen, die nicht begreifen wollen, warum zum Beispiel die Freigängerkatze kastriert sein sollte. Solche Menschen wird es bei aller Aufklärung auch noch in hundert Jahren geben. Selbst wenn *Neuter and Release* erreicht werden kann und durchgeführt wird, wie zum Beispiel in der Türkei, werden es nicht unbedingt weniger Hunde auf der Straße. Dafür gibt es einfach zu viele von ihnen, zumindest im großstädtischen Bereich. Um Erfolg zu haben, müssen alle Hunde eines Gebietes innerhalb von zwei Monaten eingefangen, kastriert und wieder freigelassen werden. In Städten wie Istanbul oder Bukarest ein Ding der Unmöglichkeit, da die Reviere nicht klar begrenzt sind und von Seiten der Hundebesitzer ständig Nachschub kommt.

Ein Tierarzt in Istanbul sagte mir einmal, dass es leider keine Zusammenarbeit des Staates mit privaten Tierärzten gäbe. Beispielhaft erzählte er, er selbst habe schon auf eigene Kosten einige Straßenhunde kastriert und dann Ohrmarken von der Stadt haben wollen, damit die Hunde nicht nochmal eingefangen werden müssten. Trotz mehrmaligen Nachfragens hat er keine bekommen.

Es gibt aber auch Beispiele dafür, dass diese Kastrationsprogramme etwas bewirkt haben. In Indien konnte die Tierschutzorganisation *Blue Cross of India* nachweisen, dass sowohl der Bestand als auch die Tollwutfälle zurückgingen.[31]

Ich finde es deshalb sehr unfair, den Tierschützern pauschal zu unterstellen, dass sie nichts vor Ort erreichen würden. Zum einen stimmt dies einfach nicht und zum anderen brauchen diese Länder einfach noch jede Menge Zeit. Man kann nicht erwarten, in ein Land einzumarschieren und innerhalb weniger Jahre alles zu verändern. Wenn man Tierschützern etwas unterstellen möchte, dann bitte denjenigen, die nicht mehr tun als wahllos Hunde nach Deutschland zu schleppen und sonst nichts. Durch diesen »Hausfrauentierschutz« wird sicherlich der ein oder andere Hund gerettet. Jedoch schadet diese unprofessionelle Arbeit durch schlecht durchgeführte Vermittlungen langfristig dem Ansehen und der Akzeptanz der Tierschutzarbeit.

Ist der Auslandstierschutz somit zum Scheitern verurteilt? Hierauf ein ganz klares Nein! Es tut sich etwas, aber ganz langsam. Als Tierschützer sollte man eisern durchhalten und versuchen, soviel wie möglich des zuvor beschriebenen Gesamtpaketes zu erreichen. Diese Maßnahmen benötigen einfach sehr viel Zeit, und die gibt es im Tierheim nie.

Das ist auch der Grund, warum die meines Erachtens wichtigste Arbeit vor Ort nicht ausreichend betrieben wird, nämlich die Arbeit mit Kindern. Wenn man effektiv etwas vor Ort verändern möchte, dann müssen sehr viele Akteure zusammenspielen. Politiker, staatliche oder gewerbliche Tierheime, Tierschützer, die Behörden, Tierärzte, die Medien und die Bevölkerung müssten an einem Strang ziehen. Glauben Sie, dass diese Utopie jemals erreicht werden kann? Ich halte es für extrem unwahrscheinlich. Wenn die Tierschützer und so genannten Tierschützer vor zwanzig Jahren begonnen hätten so viele Schulklassen aufzuklären, wie sie Tiere aufgenommen hätten, dann sähe vieles jetzt ganz anders aus. Meines Erachtens ist dies die wichtigste Arbeit, die man vor Ort tun kann, auch wenn sie sehr viel Zeit in Anspruch nimmt und es dauert, bis sie Früchte trägt. Auf die Einsicht von Erwachsenen, Politikern als auch Hundebesitzern zähle ich nicht mehr in den nächsten dreißig Jahren.

Schlusswort

Auch wenn ich für den seriösen und sachkundigen Import von Hunden aus dem Ausland spreche, möchte ich darauf hinweisen, dass es neben den alten und kranken Hunden in deutschen Tierheimen auch eine spezielle Art von Hunden gibt, die man pauschal als Notfallhunde bezeichnen kann und die schon seit Jahren nicht mehr die Aufmerksamkeit von Tierschützern bekommen, die sie eigentlich verdienen: Die so genannten »Kampfhunde«, von Tierschützern und Besitzern lieber »Listenhunde« genannt.

In dieser Hinsicht hat der Tierschutz in Deutschland gänzlich versagt. Hätten sich damals von Anfang an so viele Menschen für diese Hunde stark gemacht, wie es heute im Auslandstierschutz der Fall ist, sähe die Situation für die Listenhunde heute vielleicht etwas anders aus. Die Anzahl dieser Hunde in den ausländischen Tierheimen ist in Relation zu anderen Rassen oder Mischlingen nicht sehr hoch. Den Grund dafür kenne ich nicht. Die, die allerdings im Ausland sitzen, haben nicht die geringste Chance, legal nach Deutschland gebracht zu werden und somit ein schönes Zuhause zu bekommen. Und selbst wenn, wäre es angebracht, die Tiere herzuholen? Wo wir doch so viele bei uns sitzen haben, die kaum ein Zuhause finden (manchmal liegt es aber auch an der Vermittlungspraxis einiger deutscher Tierheime und nicht am Fehlen geeigneter Interessenten).

Wenn man rein logisch an die Sache herangeht, sollte man solche Hunde natürlich nicht auch noch nach Deutschland holen. Aber diesen Job kann man nicht nur mit reiner Logik betreiben, Emotionen gehören auch dazu und lassen sich nicht einfach unterbinden. Ich habe einige sehr nette Listenhunde im Ausland kennen gelernt, denen ich allzu gerne die Möglichkeit auf ein anständiges Leben gegeben hätte. Der Gedanke, dass sie ohne eigenes Verschulden nie wieder den Zwinger verlassen werden, nur weil sie einer bestimmten Rasse angehören, lässt die rein logischen Gedanken schnell verschwinden.

Als Außenstehender den Auslandstierschutz zu kritisieren ist immer sehr leicht. Bis man doch vielleicht einmal in eine Situation gerät, die einen nicht als Außenstehenden, sondern als Betroffenen dastehen lässt. Ich würde jede Wette eingehen, dass ein Hundeimportkritiker einen Hund nach Deutschland retten würde, wenn er selbst in diese oder jene Situation geraten würde. Das habe ich sogar schon erlebt. Schnell heißt es dann »Das ist ja nur eine Ausnahme« oder »Das hat so sollen sein«. Tierschützer vor Ort sind aber jeden Tag in dieser Situation. Das ist auch der Grund, warum viele Menschen nach Jahren im Tierschutz regelrecht durchknallen.

Nochmals zurück zu den Listenhunden. Ich möchte hier nicht für die illegale Einfuhr dieser Hunde werben. Es würde schon helfen, wenn Sie sich einen dieser Hunde aus einem deutschen Tierheim holen. Wenn Sie zu den Menschen gehören, die das glauben, was Medien und Politiker uns weismachen wollen und an die pauschale Gefährlichkeit dieser Hunde glauben, dann rate ich Ihnen, einfach mal mit einem einfachen Listenhund aus einem Tierheim spazieren zu gehen. Nach einer Woche werden sie anders denken. Vielleicht verlieben Sie sich und schenken einen dieser Rassen ein Zuhause, auch wenn es beim Kaffeeklatsch nicht so gut ankommt, wenn sie erzählen, dass sie einen so genannten Kampfhund gerettet haben anstatt einen süßen kleinen Hund aus einer Tötungsstation.

Danksagung

Ich bedanke mich bei meiner Familie dafür, dass sie mich immer bei meinen etwas außergewöhnlichen Projekten im Laufe meines Lebens unterstützt hat.

Bei meiner Freundin Nicole Eiler dafür, dass sie mir die Freiheit für meine Projekte lässt, mich dabei unterstützt, sich genauso für das Verhalten der Hunde interessiert wie ich und mich während der Reise zeitweise begleitete.

Ein Dankeschön an den Kynos-Verlag, der sich nicht gescheut hat, dieses Buch mit mir zu veröffentlichen.

Daniel Ziemann danke ich für die aufwändige und zeitraubende Rechtschreibkorrektur.

Raymond Lütjohann danke ich für die technische Erweiterung meiner Kameraausrüstung

Und letztlich ein ganz herzliches Dankeschön an all diejenigen, ohne die dieses Buch so nicht entstanden wäre. Die, die mir Texte übersetzt oder Fragebögen in unterschiedlichen Sprachen erstellt haben. Die die mir Antworten zu meinen vielen Fragen gegeben haben, die, die mir viel Zeit schenkten und mich in Gegenden geführt haben, die ich alleine nicht gefunden hätte, die zu mir als Fremden mehr als gastfreundlich waren und vieles mit mir teilten, ohne etwas dafür zu verlangen und diejenigen, die offen für dieses Thema sind und sich unvoreingenommen interessieren und mich unterstützen.

Eccetto negli
stalli di sosta
delimitati
NEW CAMPUS
CAMPUS
UNIVERSITARIO
periscopio
L'AQUILA
15 Commesse
15 Telefoniste

Quellen

1 Promberger, Christoph, „Der Wolf," in; Gansloßer, Sillero-Zubiri (Hrsg.): *Wilde Hunde*. Filander Verlag, Fürth, 2006.

2 Bloch, Günther: *Die Pizzahunde*. Kosmos Verlag, Stuttgart, 2007.

3 Baumann, Thomas: *Ich lauf schonmal vor*....Verlag Baumannsmühle, Nichel, 2008.

4 MacDonald & Carr, (1995), in Gansloßer, Udo (Hrsg.).

5 Feddersen-Petersen, Dorit Urd: *Ausdrucksverhalten beim Hund*. Kosmos Verlag, Stuttgart, 2008, S.441.

6 Bloch, Die Pizzahunde, S. 29.

7 Gansloßer & Sillero-Zubiri (Hrsg.): Wilde Hunde. Filander Verlag, Fürth, 2006.

8 Gansloßer, Udo: *Säugetierverhalten*. Filander Verlag, Fürth, 1998.

9 Weber, Jean-Marc, „Der Rotfuchs", in: Gansloßer, Sillero-Zubiri (Hrsg.): *Wilde Hunde*. Filander Verlag, Fürth, 2006, S.208.

10 Italienisches Tierschutzgesetz 281/91, 1991.

11 Kontrolle der Straßenhunde in der Gemeinde von Rocca D' Evandro in der Provinz von Caserta/ Süditalien. Veröffentlichung der Stiftung Mondo Animale, Dorothe Friz, April 2011 auf der Internetseite von Mondo Animale: http://www.fondazionemondoanimale.com/Projekte/Rocca%20D'Evandro%20resoconto%20finale%20deutsch.pdf, aufgerufen am 20.08.2014.

12 Türkisches Tierschutzgesetz Nr. 5199, 2004.

13 Auswärtiges Amt der Bundesrepublik Deutschland, Wirtschaftsdatenblatt Serbien, 2012.

14 Bloch, *Die Pizzahunde*, S.227.

15 Baumann, Thomas: *Ich lauf schonmal vor*....Verlag Baumannsmühle, Nichel, 2008.

16 Gansloßer, *Hunde aus dem Ausland*, 2011.

17 Gansloßer, Udo u. Kitchenham, Kate: *Forschung trifft Hund*. Kosmos Verlag, Stuttgart, 2012. S.160.

18 Zimen, Erik: *Der Hund*. Bertelsmann, München, 1988, S.366.

19 Feddersen-Petersen, Dorit Urd: *Ausdrucksverhalten beim Hund*. Kosmos Verlag, Stuttgart, 2008, S.202.

20 Kirchhoff, Stefan, „Territoriumsbeschreibung" in Bloch, *Die Pizzahunde*, 2007.

21 Gansloßer, Udo *Säugetierverhalten*, 1998.

22 Wachtel, Hellmuth: *Hundezucht 2000*, 2000.

23 Wachtel, Hellmuth: *Das Buch vom Hund*, 2002, S.110.

24 Gansloßer, Udo: *Hunde aus dem Ausland*, 2011.

25 http://www.abruzzo24ore.tv/news/Chicco-uni-deicani-liberi-di-L-Aquila-e-morto/107271.htm, aufgerufen am 20.08.2014.

26 Bögel, Konrad, „Bestandsregulierung bei Hunden," in: Sambraus & Steiger (Hrsg.): *Das Buch vom Tierschutz*. Enke Verlag, Stuttgart, 1997, S.801.

27 Bernatzky, Günther, „Schmerz bei Tieren," in: Sambraus & Steiger (Hrsg.): *Das Buch vom Tierschutz*. Enke Verlag, Stuttgart, 1997, S.41.

28 Ludwig, Claudia: *Straßenhunde suchen ein Zuhause*. Kosmos Verlag, Stuttgart, 2007, S.36.

29 Tierschutz-Hundeverordnung vom 02. Mai 2001, §7.

30 Peta Deutschland, 2012. Haustier-Abschuss durch Jäger. http://www.peta.de/haustierabschuss#.VABGGEsW_Hh

31 Vier Pfoten Deutschland, Projekt Stray Animal Care, 2011. www.vier-pfoten.de

FUNDICIO DUCTIL BENITO

Weitere Kynos-Bücher rund um den Hund:

Nina Taphorn

Von der Straße auf die Couch

Glücklich werden mit Hunden aus dem Süden

»Auslandshunde« gelten unter den Tierschutzhunden als diejenigen mit dem höchsten Schwierigkeitsgrad. Dieser Ratgeber hilft, das unterschiedliche Verhalten der Hunde vor dem Hintergrund ihrer jeweiligen Herkunft zu verstehen, gibt praktische Tipps zu Erziehung, Beschäftigung und Alltag und informiert über Wissenswertes zu Einreisebestimmungen, Erkrankungen und darüber, wie man seriöse Vermittler von Geschäftemachern unterscheiden kann.

Hardcover, 128 Seiten
ISBN: 978-3-95464-131-4

Katja Krauß und Gabi Maue

Emotionen bei Hunden sehen lernen

Eine Blickschule

Hunde-Körpersprache einmal anders: Dieser einzigartige, in vielen Jahren des Beobachtens entstandene Bildband konzentriert sich weniger auf die wissenschaftlich detaillierte Beschreibung von Ausdrucksverhalten als vielmehr auf eine echte Blickschulung für Hundehalter und -trainer: Wie kann denn ein unsicherer, ängstlicher, neugieriger oder aggressiver Hund aussehen? Wie unterscheidet sich die Mimik bei schlapp-oder stehohrigen, lang- oder kurzhaarigen Hunden und wie lerne ich, die gezeigten Äußerungen im Kontext der Situation richtig zu deuten?
Nachdem zunächst die einzelnen „kommunizierenden" Körperteile des Hundes und deren Signale unter die Lupe genommen werden, schließt sich ein ausführlicher Teil zu den einzelnen Grundemotionen an, beleuchtet das Thema also von der anderen Seite aus. So ergibt sich ein umfassendes Gesamtbild, das hilft, Hunde künftig besser „lesen" zu können.

Lernen Sie, hinzusehen und Hunde besser zu verstehen!

Hardcover, 624 Seiten, farbig
über 1300 Abbildungen
ISBN: 978-3-95464-302-8

"Ohne Übertreibung kann man von einem monumentalen Werk sprechen."
(Linda Tellington-Jones).

Passend dazu:

Workbook Emotionen bei Hunden sehen lernen

Schulen und überprüfen Sie Ihren Blick für die feinen Details der Hunde-Körpersprache weiter: In diesem Arbeitsbuch zum Erfolgswerk „Emotionen bei Hunden sehen lernen" stellen Ihnen die Autorinnen konkrete Fragen und Aufgaben zu Fotoserien, sodass Sie immer besser darin werden, auf Einzelheiten zu achten, Gesamtsituationen zu erfassen und das wahrscheinlich nachfolgende Verhalten vorauszusehen.

Mit Platz für Notizen und Lösungsteil.

Broschur, DIN A4, farbig, Klammerheftung, 56 Seiten
ISBN: 978-3-95464-239-7